自然体験活動ガイドブック

海辺の達人になりたい！

監修　国土交通省港湾局

「海辺の達人」は現代の「海ガキ」

本書は、「海辺の達人」に必ず、絶対に、なんとしてもなりたいという、海が好きな人のために捧げるガイドブックです。

ところで、「海辺の達人」というのは、いったいどのような人なのでしょう。それは、ほんのひと昔前までは、海辺はもちろん、海に近い内陸にもたくさんいました。そう、ごく普通に海で遊んでいた「海ガキ」です。

でも、そういう人たちは"達人"と言われるほど、海のことに精通していたわけではない、とおっしゃるかもしれませんが、そんなことはありません。もちろん、「海ガキ」は海洋学者ではありませんから、海の学術的なことを知らないのは当たり前ですが、そういうことではないのです。海ガキは海を相手に遊ぶことによって、海や海の生き物のことはもちろん、危険を察知する能力や対処の仕方、さらにはみんなで協力してカニを捕まえるチームワークのことなど、人が生きていく上で必要ないろいろなことを体験的に知っています。そして、それが重要なのではないでしょうか。

残念ながら、海ガキはいまでは"絶滅危惧種"になってしまいました。それと同時に、社会もどこかおかしくなってしまいました。でも、海ガキがいることが社会を豊かにし、人間を愛と想像力あふれる生き物にしていたことに、人々はようやく気づき始めました。まだまだ遅くはありません。

明日からでも、現代の海ガキ、つまり「海辺の達人」を目指して、海に出かけてください。でも、決して海から"学ぼう"などと思わないでください。海はそんなこしゃくな考えなど、跡形もなく、すぐさま波に流してしまうことでしょう。それが、海です。海はそれでいいのです。ただ、海を楽しんでください。

明日、天気がよかったら海辺で待っています。

目次

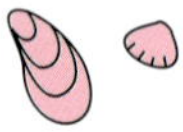

この本の読み方とねらい

海と人との関係を取り戻すために

人間は古くからたくさんの海の恩恵を受けてきました。食べものやエネルギーを得たり、交通、交易、交流をしてきました。でも、もうひとつ、海が私たちに与えてくれる大きなものがあります。それは、私たち人間が何であるかを教え、あるときには気づかせ、あるときには知らせてくれることです。日本は、周囲をすべて海に囲まれていますが、そのために文化的にも精神的にも豊かに発展してきたのではないでしょうか。

しかし、いつのまにか、海は私たちからは遠い存在になってしまいました。いや、退けていました。海は恐ろしい場所とされ、海での遊び方はおろか、海に近づくことすら忘れてしまった、残念な時代になってしまっただけです。そして、これから……。

本書は、海と人との関係を本来の姿に取り戻すことを目指しています。そのために、みなさんに、ぜひ「海辺の達人」になっていただき、自然体験活動におけるリーダー的な役割を果たしていただきたいのです。

「海辺の達人」というと、とても難しいイメージがあるかもしれませんが、これは前文でも述べたとおり、昔で言えば「海ガキ」です。もちろん、社会状況が変わってきましたから、海と接するときには地球環境などの新しい要素を取り入れる必要はありますが、少なくとも海で楽しく遊ぶことができる人は、みんな海辺の達人と言っていいでしょう。

また、"リーダー"といっても、"指導者"とか"先生"ということではありません。"教える"とか"学ぶ"といった教育の関係ではなく、むしろ、自分の分（ぶ）をわきまえて海と人との関係をうまく調整しながら、みんなで自然体験活動ができる人、というぐらいの意味です。

海辺の達人になるために

本書は３章から成り立っています。第１章「海辺のアクティビティ」は、海辺の自然体験活動にはどんな項目があるかを述べ、どのように実践すればいいかを解説しています。
　ところで、環境学習では「アクティビティ」とか「プログラム」という言葉がよく使われますが、ここでのアクティビティも同じ意味で、「何をするか」という具体的な内容のことを示しています。プログラムというのは、ある目的をもった自然体験活動の開始から終了までの全体のことで、アクティビティはプログラムを構成する単位と考えていいでしょう。
　本書では、プログラムを組むといった本格的な活動の前の段階として、とにかくみなさんに海に行っていただき、アクティビティを実践していただくことを中心に考えています。
　そこで必要になるのが、アクティビティをするための準備や心構えです。第2章「海辺のリスク管理」と第3章「海辺の準備から評価まで」はそれらをまとめたものです。どちらも、最低限、知っておかなければいけないことを述べています。
　第2章では海辺の危険や救急時の対応に加え、マナー・ルールなどについても触れています。海へ行くときに、テーマパークへ行くのと同じように考えるのは危険です。自然界では、誰かがすべての危険を、あらかじめ取り除いてくれたりはしないからです。だからといって、怖気づく必要はありません。最低限のことさえ知っていれば、海は最良の友になります。
　第3章は、アクティビティをする前の準備や、実行時の注意を述べています。それとともに、評価や反省についても解説しています。何事もやりっぱなしではいけません。たとえ仲間でアクティビティを行ったとしても、反省や意見交換をすると、より一層、お互いにわかり合えるはずです。そこから、他人をあらためて見直したり、新しい発見をすることもあるでしょう。

　ここまで書くと、すでにお気づきかもしれませんが、海辺の達人になることは、ただ海のことを知るだけではなく、じつは人間のことがわかることでもあります。つまり、家族の一員であったり友人や知人、あるいは初めて会う人たちと共に自然体験活動をすることで、新しい交流が生まれ、ほんの少しだけでも他人の気持ちが理解できるようになるかもしれません。
　でも、そんなことより、とにかく明日にでもみんなで海に行きましょう。必ず、新しい発見があるはずです。

第１章　海辺のアクティビティ

海と私たち

海は地球の表面の約70％を占めていることはよく知られていますが、なぜ海はなくならないのでしょう。それは、海が森などの陸地と共に、地球という身体の一部として、連携した生きた動きをしているからにほかなりません。

森に降った雨の一部は、川を下り、長い旅をして海にまた戻ります。海は太陽に熱せられて、一部の水が蒸発し、やがて雲になって森に移動

し、雨を降らせます。こうした自然の循環によって、海は、そして地球は数十億年もの長いあいだ生き続けてきました。

　こうした長年の営みの結果、川から流れてきた土砂が堆積して干潟になり、波に浸食された岩が砂浜や磯になりました。

　周囲をすべて海に囲まれた日本。私たちにとって海は身近な自然の宝庫です。

アクティビティの読み方

1章では、自然体験活動のプロが実践しているアクティビティを、フィールドの区分ごとに紹介しています。どれもすぐに始められるものばかりを集めましたが、海中の1～4だけは「スノーケリング入門（58ページ）」をしっかり読み、スキルを身につけてから行うようにしてください。

すべてのアクティビティは、1回で終わるものではありません。回を重ねるごとに工夫を重ねていくと、さらに深い内容になります。

それでは、めくるめく「海」へご案内します。

フィールドの区分

砂浜・干潟・磯・海中・室内に分けました。ひざ以上の深さに入るときは海中のアクティビティになっています。室内は、雨天時や冬用に便利です。

条件

時間は、アクティビティにかかる最短時間です。人数は、リーダー1人がみられる子ども（初心者）の数を載せました。

準備するもの・手順

準備するものは最低限にし、手順はなるべく簡潔にしています。

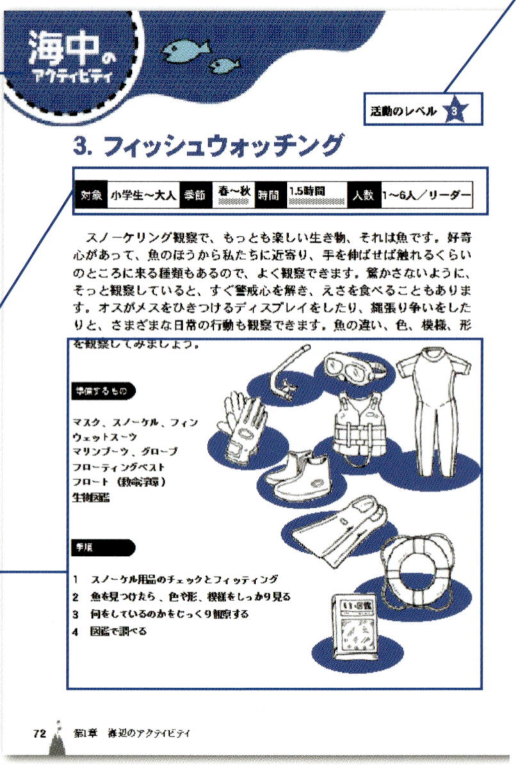

海中のアクティビティ

活動のレベル 3

3. フィッシュウォッチング

対象	小学生～大人	季節	春～秋	時間	1.5時間	人数	1～6人／リーダー

スノーケリング観察で、もっとも楽しい生き物、それは魚です。好奇心があって、魚のほうから私たちに近寄り、手を伸ばせば触れるくらいのところに来る種類もあるので、よく観察できます。驚かさないように、そっと観察していると、すぐ警戒心を解き、えさを食べることもあります。オスがメスをひきつけるディスプレイをしたり、縄張り争いをしたりと、さまざまな日常の行動も観察できます。魚の違い、色、模様、形を観察してみましょう。

準備するもの

マスク、スノーケル、フィン
ウェットスーツ
マリンブーツ、グローブ
フローティングベスト
フロート（救命浮環）
生物図鑑

手順

1 スノーケル用品のチェックとフィッティング
2 魚を見つけたら、色や形、模様をしっかり見る
3 何をしているのかをじっくり観察する
4 図鑑で調べる

72 第1章 海辺のアクティビティ

活動のレベル

1：初心者
2：専門知識が必要
3：専門知識・技術が必要
というレベル分けです。

本書を案内してくれる
海辺の達人と未来の達人たち

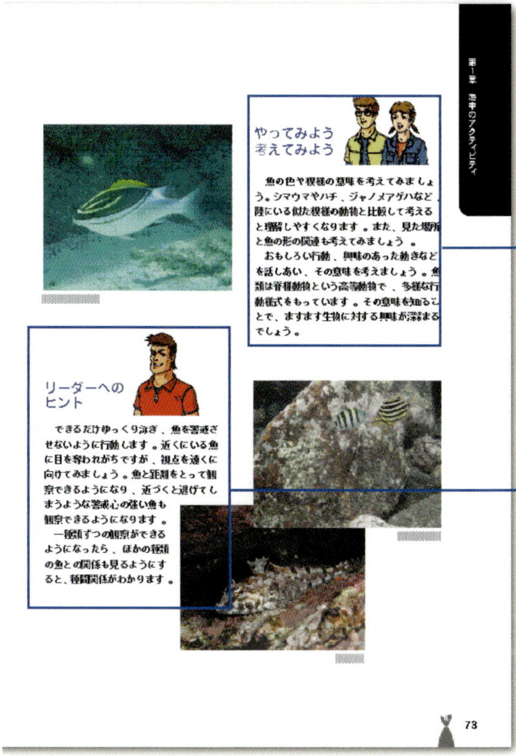

第1章　海中のアクティビティ

やってみよう
考えてみよう

魚の色や模様の意味を考えてみましょう。シマウマやハチ、ジャノメアゲハなど、陸にいる似た模様の動物と比較して考えると理解しやすくなります。また、見た場所と魚の形の関連も考えてみましょう。
おもしろい行動、興味のあった動きなどを話しあい、その意味を考えましょう。魚類は脊椎動物という高等動物で、多様な行動様式をもっています。その意味を知ることで、ますます生物に対する興味が深まるでしょう。

リーダーへの
ヒント

できるだけゆっくり泳ぎ、魚を警戒させないように行動します。近くにいる魚に目を奪われがちですが、視点を遠くに向けてみましょう。魚と距離をとって観察できるようになり、近づくと逃げてしまうような警戒心の強い魚も観察できるようになります。
一種類ずつの観察ができるようになったら、ほかの種類の魚との関係も見るようにすると、種間関係がわかります。

73

やってみよう 考えてみよう

内容をより深く理解するための着眼点や、内容を一歩進めるための目標をまとめました。

リーダーへのヒント

アクティビティを実施する際のポイント。リーダーに必要な視点がわかります。

砂浜

「白砂青松」、昔からある日本の砂浜についてのイメージです。
でも、砂浜には実はいろいろな種類があり、
色も白だけではなく、黒い砂浜もあります。
砂の粒子も大きさが微妙に違います。
歩くとキュッキュッと音がする砂浜もあります。

そんな砂浜は、実はコレクションには最適の場所です。
貝殻はもちろん、変わった形をした流木や、
波で洗われて丸くなりすりガラスのようになったビーチグラスが
落ちています。

時には、異国から流れ着いたガラスびんも……、そこには、
ロマンあふれるストーリーが隠されているかもしれません。
砂浜は、空想力や想像力があふれるところです。

砂浜に行くとき

服装

襟のある長袖シャツと長ズボン（日焼けを防ぐため）
つばのある帽子（直射日光を避けるため）
サンダルか長靴（素足は避ける。砂が入らない履物を選ぶ）

持ち物（砂浜セット）

- 小型の図鑑
- フィールドノートと鉛筆 →80ページ
- タオル
- スポーツドリンク
- 日焼け止め
- 救急箱（消毒液、救急用ばんそうこう
  ガーゼ、傷薬、ハサミ、毛抜き）

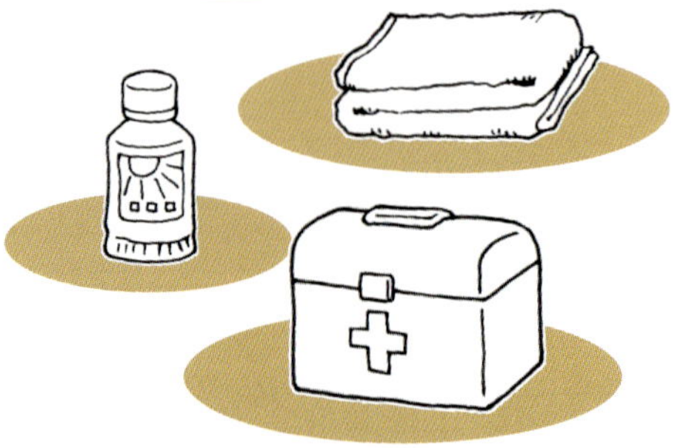

注意

砂浜は、海辺によって砂粒の大きさや色が違い、多様で美しい場所ですが、砂浜でいつも問題になるのが、ゴミです。砂浜でビーチコーミングによる観察などをするとよくわかりますが、ゴミにはガッカリさせられます。でも、砂浜での観察を１回でも体験すれば、ゴミを捨ててはいけないこともよくわかるはずです。ゴミは必ず持ち帰りましょう。

砂浜は風が強いので、持ち物が飛ばされないように、置いておく場所に気をつけましょう。また、潮の満ち干によっても、持ち物が濡れてしまうことがあるので注意が必要です。

海辺の基礎知識 1

海をあなどってはいけない

海辺で自然体験活動をするときには、つねに細心の注意が必要です。なぜなら、海は自然の一部で、生き物といってもいいぐらいに変化するからです。

たとえば、大潮のときは潮の流れが速くなるので、潮が引いて干潟やタイドプールが顔を出したと思ったら、いつのまにか急に潮が満ちてきて、置いてあった荷物があっという間に潮流に持っていかれたというのはよくあることです。

潮流は季節や地形、時間で変化するため、注意が必要です。潮の流れは強大なので、人間の力では太刀打ちできません。海岸で活動する前に、地元の人から潮流の速いところや流れが複雑な場所の情報を得て、近づかないようにするといいでしょう。

波は、風の影響を受けて強くなったり弱くなったりしますが、基本的には低気圧が接近しているときは風も強くなるため、波も高くなり、注意が必要です。

台風によって大きなうねりが生じます。うねりのエネルギーは大きく、台風がはるか遠くにあっても、すぐに日本の海岸にうねりが達することもあるので、必ず天気予報を調べましょう。ちなみに、8月中旬頃の土用波も、はるか南の台風によって生じたうねりが打ち寄せるものです。

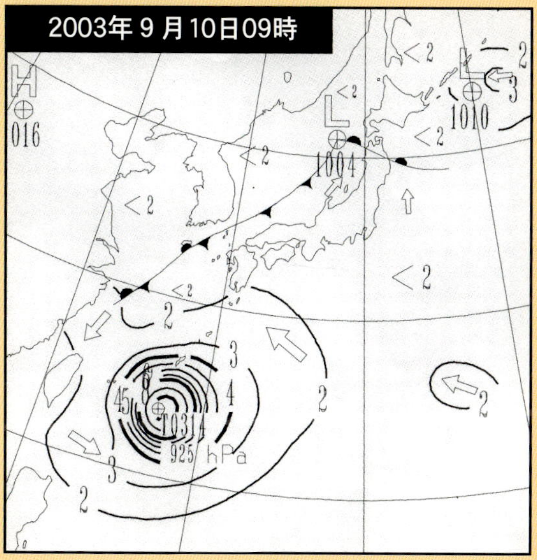

気象庁が発表している外洋波浪図。白い矢印が波の向き、数字は波の高さを示す

活動のレベル 1

1. どこから来たのかな

対象	小学生～大人	季節	通年	時間	1時間	人数	10人／リーダー

砂浜を歩いて海岸に落ちているものを収集し、どのようなものがあるか、どこから運ばれてきたのかを考える活動です。集めたものを通じて海の広がりを感じたり、新しい海辺の魅力を発見したり、ゴミ問題など海の抱える問題に気づくきっかけにもなるでしょう。

これはどこに分類しようかな

準備するもの

砂浜セット
→14ページ
拾った物を入れる袋やケース
カメラ
ルーペ

手順

1 砂浜を歩いて、各自落ちているものを集める
2 砂浜に棒などで線を引き、分類スペースをつくる
3 それぞれのスペースにテーマを決める。たとえば「遠くから流れてきたもの」「海の生き物」「植物のタネ」など
4 集めたものを分類しながら、スペースに並べる
5 分類したものを見ながら感想を発表する

砂浜にはいろいろなものが落ちているよ

やってみよう　考えてみよう

海辺には、いろいろなものが落ちていることにきっと気づくでしょう。漂着した生き物の中には、貝殻や海藻など、その周辺の海の中に生息しているものもあれば、深海や遠くの海から運ばれてくるものもいます。人工物もよく見ると、普段見かけないものや、外国製のものがあります。

それらのものが、何なのか、どこからやってきたのか、どうやって使われていたのかなど、話しあってみましょう。漂着物の中には不思議なものや、きれいなものも見つかるはずです。持ち帰ってコレクションしたり、クラフトの材料として使ってもよいでしょう。また、持ち帰れないものは写真を撮って記録するといいでしょう。

一生の宝物になるものを見つけることも……

リーダーへのヒント

分類項目を工夫すれば、着目点を変化させることができます。貝殻などを集めるときは、仕切のついたケースなどを用意するといいでしょう。海辺のゴミの中には、生活ゴミのみならず、不法投棄された産業廃棄物などさまざまなものがあります。ゴミが、鳥などの生き物に与える影響を紹介し、ビーチクリンアップ〔海辺の清掃活動〕の活動に発展させてもよいでしょう。

海辺に放置されたゴミ

コラム　ビーチクリンアップ（海辺の清掃活動）

クリンアップも大切な海辺のアクティビティだ

ビーチクリンアップは、海岸の漂着物の中でも、特にゴミを中心に集めていく活動です。

海岸のゴミの中には、生活の中から出るもの、不法投棄された産業廃棄物などさまざまなものがあります。ゴミは、海鳥や鯨類などの野生動物への影響が深刻になっており、ゴミが海洋生物に与えている影響などについてのレクチャーを受けながら活動を行うことで、環境問題を身近に感じる機会となります。また、近隣の外国製のゴミなども、さまざまな問題にリンクしていることを認識していきましょう。

注意点として、ビーチクリンアップでは、集めたゴミの処理方法の確認が必要になります。必ず、活動場所の各関係機関に連絡を取ってから行いましょう。詳細はJEAN/クリーンアップ全国事務局（http://www.jean.jp）まで。

ビニール袋をのどにつまらせたウミガメ
提供：JEAN

活動のレベル 1

2. 海辺アートに挑戦

対象	幼児～大人	季節	通年	時間	1時間	人数	10人／リーダー

ビーチコーミングで見つけた、サンゴや貝殻、流木などの漂着物を使って、砂浜をキャンバスにして作品をつくります。波や海風の音をＢＧＭに、海や空を背景にして、海辺のギャラリーをつくりましょう。

準備するもの

砂浜セット
→14ページ

「この貝は目になるな」

手順

1 テーマを設定する（「自分の好きな海」「海の思い出」「海の中」「ともだち」など）
2 ビーチコーミングで、アートの素材になるものを集める
3 落ち着いて作業に取り組めるよう、十分なスペースに移動する
4 集めてきた材料で砂の上に作品をつくる
5 各自の作品にタイトルをつける。作品のタイトルが簡単であれば、枝状のサンゴなどを使って文字をつくることもできる
6 作品鑑賞会

ビーチグラスで美しい魚が！

石と貝を使った作品

やってみよう 考えてみよう

海辺の自然素材を使った遊びを通じて、自然物の形や種類の多様性に気づくでしょう。他の人の作品を鑑賞するときは、視点を変えて物事を見ることの面白さや、人それぞれの感性や表現方法の違いも感じて下さい。大切な作品は、写真に撮っておきましょう。

個人での作品づくりが終わったら、今度はグループで協力して大きな作品をつくってみましょう。

リーダーへのヒント

最初に流木などで四角い枠をつくると、そのあとの作業がやりやすくなる場合があります。

うまい、へたの評価は必要ありません。それぞれの作品のよい点や工夫の見られる点などについて、積極的にコメントを出しあうといいでしょう。

テーマは参加者に決めてもらっても面白いでしょう。

活動のレベル 1

3. 砂は何でできている？

対象	小学生～大人	季節	通年	時間	1時間	人数	15人／リーダー

海岸の砂は、一体どこからやってくるのでしょうか。何でできているのでしょうか。砂を採集して、砂粒の色や特徴を観察してみましょう。いろいろな海岸の砂を比較したり、コレクションしてみてもいいでしょう。

準備するもの

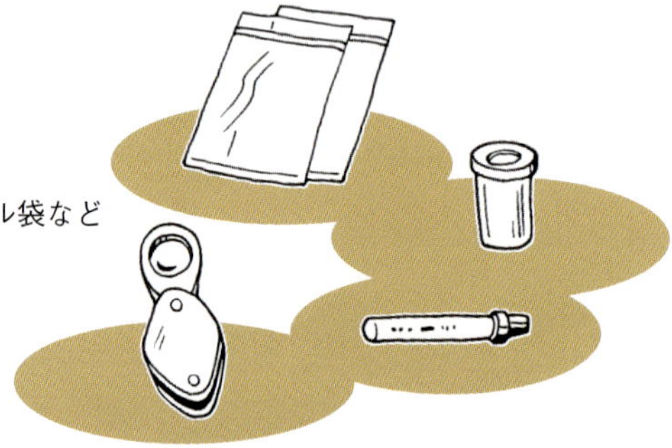

砂浜セット
→14ページ
フィルムケースかジッパー式のビニール袋など（砂を入れるためのケース）
ルーペ
油性マジック

手順

1 フィルムケースなどに砂を採取する
2 平らな場所（室内でもよい）に移動し、フィールドノートの上に、少量の砂を出す
→80ページ
3 ルーペを使って砂を観察する
4 面白い形のものがあったらスケッチする
5 各人が見えたものを報告する
6 フィルムケースに油性マジックで日付、採取ポイント（海岸名）を記録する

拡大された砂は色や形がじつにさまざ

やってみよう 考えてみよう

一握りの砂の中から、観察や意見交換を通じて、たくさんの発見を導き出してみましょう。砂粒にはどれくらいの種類がありますか？　色や形に特徴があるものは混ざっていませんか？　砂はもともと何だったのでしょう？　どこからやってくるのでしょう？

別の海岸に行ったら、そこでも砂を観察してみましょう。

ひとつぶとして同じ砂はない

リーダーへのヒント

「海岸の砂はどこからくるのかな？」などの質問をしたり、数種類の砂の中から現在観察している海岸の砂を当てさせるクイズを出したりして、砂に興味をもたせる工夫をしましょう。

インターネットなどを利用して、ほかの地域と交流し、それぞれの地域の砂を交換するなどして、比較する砂の種類を増やしてもいいですね。

砂の起源は地域によって異なっています。川を通じて内陸から運ばれてきたり、ほとんどが生き物の死がいからなっている場合もあります。砂から、周りの環境へと視点を広げていくといいでしょう。

コラム　ビーチコーミング

ビーチコーミング（beachcombing）とは、櫛（comb）で梳くように、海岸をくまなく探索する活動です。海からもたらされる食べ物や、生活のための必要物資を集めるため、昔は日常生活の中で営まれていました。今日、ビーチコーミングは海辺を楽しむレジャーとして、また海辺の自然・文化の研究テーマとして、さまざまな意味合いをもって広く取り組まれてきています。

ビーチコーミングでは、海岸のありとあらゆる要素を扱うことができます。自然観察的な要素としては、漂着した自然物から海の環境の推測をしたり、環境保全の取り組みとしてビーチクリンアップ（海辺の清掃活動19ページ）を行ったり、また創造的な活動として砂や流木を使ったアートに取り組んだりもします。

年齢や体力にかかわらず、だれもが楽しめることも大きな特徴です。楽しみながら、海岸の多様性を体感し、出逢いや発見を通してさまざまな問題に気づき、自分から考え、行動していくためのステップにしましょう。

活動のレベル 1

4. サンドキャンドルをつくろう

対象	小学生～大人	季節	通年	時間	1時間30分	人数	10人/リーダー

ビーチコーミングで収集した、貝殻やサンゴを使って、海岸の砂を型にしたオリジナルのキャンドルをつくりましょう。

準備するもの

砂浜セット
→14ページ
細かくしたロウソク
ロウソクの芯
短くなったクレヨン
空き缶
鍋
コンロ
鍋つかみ（ペンチ）
割り箸
バケツ
霧吹き

手順

1 砂をぬらして、キャンドルの型にするための穴をあける
2 穴の壁に貝殻などを半分ほど埋め込む
3 割り箸に芯をはさみ穴の真ん中に配置する
4 空き缶に入れたロウを湯煎して溶かす
5 溶けたロウにクレヨンを少量削り入れ、色をつける
6 穴にロウを流し込む
7 30分ほどで完全に固まる

オリジナルのキャンドル。さまざまな工夫をしてみよう

やってみよう 考えてみよう

クレヨンを入れるときに、一緒にハーブオイルなどを入れると、香りつきのキャンドルができます。

できあがりを想像しながら、素敵なキャンドルをデザインしてみましょう。途中でロウの色を変えたりしてもいいですね。

夜になったら、自分でつくったキャンドルに火をともしてみましょう。つくる前、できたとき、そして火をともしたときではキャンドルがどう違って見えるかを話しあいましょう。

リーダーへのヒント

型にする穴が大きいと、巨大なロウソクができてしまい、うまく燃えないので、小さめにつくるようにアドバイスしましょう。また、作業中に、採集した貝殻などについて話をするといいでしょう。

やけどしないように十分注意しましょう。ロウを溶かすときは必ず湯煎にします。

活動のレベル 2

5. 海辺の植物ウォッチング

対象	小学生〜大人	季節	通年	時間	1時間	人数	10人／リーダー

海岸に生えている植物は、海辺ならではの特徴をもっています。しかも、海から近いところと遠いところでは、生えている植物に違いがあります。

準備するもの

砂浜セット
→14ページ
ルーペ
植物図鑑

手順

次のようなテーマで観察をしてみましょう

- 一番海に近いところに生えているのはどんな植物でしょう
- 海岸から森へと、植物はどのように変わっていくでしょう
- 海岸の植物の葉を３枚採集して、内陸の植物の葉と比べてみよう
- 花がついている植物を探して図鑑で名前を調べてみよう
- 実がついた植物を探してみよう

どこが環境に
適応しているかな？

やってみよう 考えてみよう

海辺の植物は、一般に海岸での生活に適した特徴をもっています。海岸では強い風が吹いたり、海水を浴びたりするので、それに耐えることのできる植物が生息しています。どんな植物が生えているかよく観察してみましょう。

全く植物の生えていない砂浜や磯浜から、内陸に向かって、生えている植物はどんどん変化します。そんな移り変わりを見てみましょう。

海岸の植物の中には、水に浮かんで運ばれる実や種を持つものもあります。種や実がついた植物がないか探してみましょう。

リーダーへのヒント

植物の種類を調べる場合は、花が咲いているものだと比較的容易に調べることができます。

採取した種は持ち帰り、育ててみるのもいいでしょう。観察ではできるだけ植物群落に影響を与えないように配慮します。

海辺の植物は内陸に向かってどんどん変化していきます

活動のレベル 1

6. ウミホタルのいるきれいな海

対象	小学生～大人	季節	夏	時間	1時間	人数	4人／リーダー

ウミホタルは、夏から秋に、青森から沖縄までの太平洋岸で見られる貝ミジンコの一種です。昼は砂に潜っているので、夜になってえさを食べに出てきたところを、罠を仕掛けて採取します。

準備するもの

砂浜セット
→14ページ
懐中電灯
広口のガラス瓶（蓋つき。インスタントコーヒーなどのものがよい）
クギ（キリ）
ヒモ
魚肉ソーセージ
バケツ

手順

1 瓶の蓋に5～10個、直径5mmくらいの穴をあける
2 瓶にヒモをつける
3 瓶の中に小さくカットした魚肉ソーセージを入れる
4 蓋をして、海底の砂に着くよう沈める
5 30分したら引き上げ、中身をバケツに空ける
6 バケツの水をかき混ぜて、何が起こるかを観察する
7 観察が終わったら、海に返す

バケツの水をかきまぜると……

やってみよう 考えてみよう

瓶を沈める場所は、波打ちぎわから4mくらいまでの、潮があまり流れていないところにします。月夜や外灯などで明るいところには、あまりいません。

ウミホタルは、魚などの死骸を食べる海のお掃除屋さん。ウミホタルは、海水が汚染されていないところに生息するので、海のきれいさのバロメーターといえます。

リーダーへのヒント

海中には入らないように注意してください。夜の活動なので、子どもたちへの目配りを昼間以上にしっかりしましょう。

30分待たなければいけないので、罠はあらかじめ仕掛けておくか、30分間のアクティビティを考えておきましょう。手順4までを夕方に済ませ、夕食後に続きを行うという時間配分もいいでしょう。

ウミホタルは、水温の高い時期に活発に活動します。特に9〜10月に多くとれますが、7月から11月までは採取が可能です。

ヤコウチュウが自分自身を発光させるのに対し、ウミホタルは発光物質を海水中に放出することによって光ることを紹介しましょう。

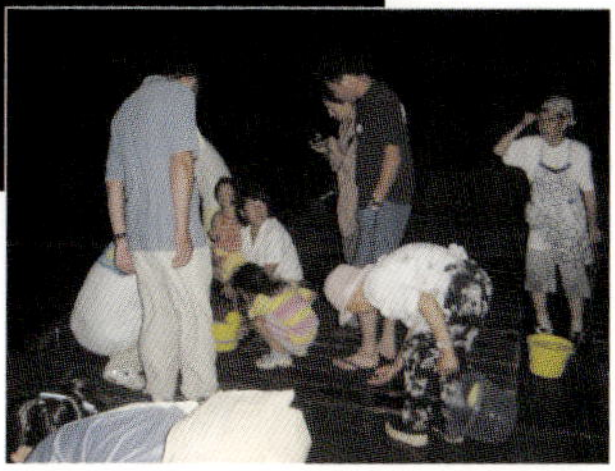

海のおもしろさは昼間だけではありません。夜になると違う顔を見ることができます

コラム　ヤコウチュウ

ウミホタルと同様に、海の光る生き物として有名なのが、ヤコウチュウです。アメーバやゾウリムシなどのプランクトンの仲間で、夏に内湾や沿岸域で多く見られます。水温28〜32℃、塩分濃度2.8〜3.2%のときに発生しやすく、初夏には爆発的に増殖して赤潮を形成することもあります。

残念ながら、いつ発生するかの予測や採取が難しいので、観察をすることはできませんが、夏の夜に海辺を散歩してみましょう。波打ち際で光るヤコウチュウが、幻想的な夜の海を演出するのに出会えるかもしれません。

干潟

　干潟は、内湾や河口域にあって、
満潮時には海面下に沈み、
干潮時には海面上に表れる、
泥や砂でできた場所です。

　干潟にはたくさんの有機物があります。
それをえさにしてゴカイや二枚貝をはじめ、
たくさんの生き物がすんでいます。
さらにそうした生き物を狙って、
シギやチドリなどの鳥も集まります。
干潟は、まさに生き物の宝庫といえます。

　干潟にいる生き物たちは、
水をきれいにする働きをするため、
干潟は環境保全にも重要な役割を果たしています。
干潟は、自然のことを
さりげなく見せてくれる場所です。

干潟に行くとき

服装

襟のある長袖シャツと長ズボン（日焼けとけがを防ぐため）
つばのある帽子（直射日光を避けるため）
長靴（砂が熱いときのやけどや、貝殻などでけがをしないように）

持ち物（干潟セット）

・小型の図鑑
・フィールドノートと鉛筆 →80ページ
・タオル
・スポーツドリンク
・日焼け止め
・潮汐表
・くまで
・スコップ
・軍手
・救急箱（消毒液、救急用ばんそうこう ガーゼ、傷薬、ハサミ、毛抜き）

注意

干潟は生き物の宝庫であることはすでに述べましたが、だからこそ、干潟を観察するときには生き物への配慮を怠らないようにしましょう。たとえば、干潟を掘り返すのは、生き物のすみかを荒らしていることになります。必要最小限にとどめ、掘り返したあとは必ず元どおりにしましょう。

海辺の基礎知識 2

「潮汐表」は海辺の自然体験活動の必需品

潮汐表は、毎日の潮高と時刻、潮名、日の出・日の入りなどを予報したものを掲載した表です。日本では海上保安庁や気象庁が提供するデータを元に、いろいろなところが情報を提供しています。

潮汐は、おもに太陽と月の引力によって生じますが、太陽と月と地球が一直線に並ぶとき、すなわち新月と満月のときに、引力がもっとも強くなるため、干満の差も最大になります。このときを大潮といい、干潮時には普通よりも広い磯や干潟が現れます。したがって、大潮の時期が海辺の自然体験活動にはもっともふさわしいといえます。春分と秋分のころの大潮は、干満の差が最大になりますが、特に春分のころは多くの海の生き物の産卵期にあたるため、観察にはもってこいの時期といえます。

潮汐表は、海上保安庁水路部から刊行されているほか、インターネットでも閲覧できます（http://www1.kaiho.mlit.go.jp/JODC/marine/leisure.htm）。

年/月/日 YYYY/MM/DD	日出 Sunrise	日入 Sunset	月出 Moonrise	月入 Moonset	月齢 Moon's age	潮名 Tide name
2004/03/23(Tue)	05:41	17:55	06:53	20:10	2.2	大潮
2004/03/24(Wed)	05:39	17:56	07:19	21:10	3.2	中潮
2004/03/25(Thu)	05:38	17:57	07:49	22:10	4.2	中潮
2004/03/26(Fri)	05:36	17:58	08:21	23:09	5.2	中潮
2004/03/27(Sat)	05:35	17:58	08:59	--:--	6.2	中潮
2004/03/28(Sun)	05:34	17:59	09:43	00:07	7.2	小潮
2004/03/29(Mon)	05:32	18:00	10:33	01:01	8.2	小潮
2004/03/30(Tue)	05:31	18:01	11:28	01:51	9.2	小潮
2004/03/31(Wed)	05:29	18:02	12:28	02:35	10.2	長潮
2004/04/01(Thu)	05:28	18:02	13:31	03:14	11.2	若潮

干潟のアクティビティ

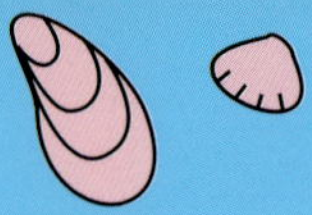

活動のレベル ★1

1. 干潟の生き物探し

対象	小学生〜大人	季節	春〜初夏	時間	2時間	人数	4〜5人／リーダー

干潟は、潮の満ち干によって大きく様変わりしますが、引き潮のときにはたくさんの鳥がやってきます。鳥たちは干潟でえさを探しているようです。きっと、干潟にはえさになるいろいろな生き物がいるに違いありません。いったい、どんな生き物がいるのか、じっくり観察してみましょう。

準備するもの

干潟セット
→32ページ
大きめのふるい（1ミリメッシュ）
プラスチックのバット

手順

1 干潟全体を簡単にスケッチする
2 離れた場所から干潟にいる鳥類（シギ、チドリなど）がいる場所を1にマークする
3 鳥が食べたものを想像して絵を描く
4 鳥がえさを食べていたところを中心に、1辺が25cmほどの正方形を描く
5 正方形の内側を、深さ10 cmくらいスコップやくまでで掘り、泥をバットに入れる
6 泥をふるいに入れて、海水中でふるう
7 ふるいに残った生き物をバットに移す
8 生き物を種類ごとに分け、観察してスケッチする

泥の中にはたくさんの生き物がいる

やってみよう 考えてみよう

鳥がどんな生き物を食べていたか、想像の絵との違いを述べあいましょう。鳥の種類によって、食べるものに違いがあるかもしれません。また、干潟の場所によって、そこにすんでいる生き物にどのような違いがあるか、あるいは鳥の種類も違うかどうか確認しあいましょう。

干潟がどのようにしてできたか、どんな役割をしているかについても話しあいましょう。

リーダーへのヒント

干潟のなかでも、潮間帯(47ページ)の上部と下部で、すんでいる生き物に違いがあるかどうか、やってくる鳥の種類も異なるかどうかをチェックしましょう。

干潟が果たしている役割とともに、自然界のなかで干潟がどのような位置にあるかを知ることも必要です。

干潟の掘り起こした場所は、元どおり平らにならします。採集した泥と生き物は、なるべく元の場所に戻します。

干潟のおもしろさは、立って見ているだけではわからない

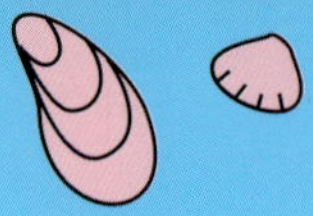

活動のレベル 1

2. マテガイの竪穴住居づくり

対象	小学生～大人	季節	春～初夏	時間	2時間	人数	4～5人／リーダー

マテガイは、別名カミソリガイともいい、長さ12センチほどの長方形の形をした貝です。ところで、マテガイにはおもしろい性格があります。巣穴に食塩を入れると、反射的に穴の口に殻を突き出すのです。どうも、潮が満ちてきたと勘違いするようです。また、マテガイがどのようにして巣穴をつくるのか、マテガイの長い体を考えると、とても興味深いですね。

準備するもの

干潟セット
→32ページ
食塩
バケツ

手順

1 干潟の潮間帯砂泥で、マテガイのすんでいる穴を見つける（直径10ミリぐらいの穴）
2 穴に食塩を振りかける
3 マテガイが出てきたら捕まえる
4 とったマテガイを干潟に戻し、どのような動きをするか調べる
5 マテガイの動きをフィールドノートに記録する

やってみよう 考えてみよう

干潟には、よく見るとたくさんの穴があいていますが、ゴカイやカニがすんでいる穴もあります。そのなかで、マテガイのすむ穴はどのような大きさや形だったか、その特徴について話しあいましょう。

マテガイの巣穴に食塩を入れたときのマテガイの反応を注意深く観察しましょう。

マテガイの巣穴づくりについて、マテガイがどのような動きをして、どれぐらいの時間をかけて巣穴をつくったか、みんなで発表しましょう。

捕まえたマテガイを干潟に戻すとどうなるかな？

リーダーへのヒント

捕まえたマテガイは干潟に戻します。巣穴を掘り返した場合は、元どおりにします。

採取したマテガイを持ち帰ることができる場合は、透明のビンに干潟の泥とマテガイを入れて観察するといいでしょう。真横からも巣穴づくりの様子が見えるので、マテガイがどのように巣穴をつくるか、また巣穴はどのような形になっているかが、よくわかります。

穴から出てきたマテガイ。急に引っ張ると折れてしまうので、ジワジワと引き抜く

活動のレベル 1

3. アサリは水のお掃除屋

対象	小学生～大人	季節	春～初夏	時間	2時間	人数	4～5人／リーダー

アサリは、潮干狩りではもっともよく知られている貝ですが、じつは海の水をきれいにする活動もしていると言われています。もしもそれが本当なら、アサリがどのようにして水をきれいにしているのか、アサリをじっくり観察してみましょう。

準備するもの

干潟セット
→32ページ
ボール
ルーペ

手順

1 干潟でアサリを捕まえる（20個ほど）
2 とったアサリを、あらかじめ少し汚れた海水の入ったボールに入れる
3 ボールの水の汚れを確かめる
4 30分ほどたって、ボールの汚れがどうなったか調べる

潮干狩りでアサリを探してみよう

やってみよう考えてみよう

アサリがどのような動きをしているか、どのようにして水をきれいにしているか、その仕組みを話しあいましょう。グループ別に観察し、どれぐらいの時間で水がきれいになったかを発表しましょう。

アサリが入ったガラスのボールに澄んだ海水を入れると、アサリが水管を出して、海水を吸ったり吐いたりしている様子を見ることができます。吸う管と吐く管は同じでしょうか？

リーダーへのヒント

ボールはガラスのものだと、水の汚れの変化が確認しやすいでしょう。小型の水槽でも代用できます。

有料の潮干狩り場などの、アサリを持ち帰ってもいい場合は、レシピを紹介するなどして「食べる」学びへとつなげるのもいいでしょう。

コラム　アサリの殻

アサリの殻にはいろいろな色や模様がありますが、なかには１つの貝で左右の貝殻の模様が異なるアサリもあります。これは珍しい例です。野生動物は一般的に左右相称だからです。

また、アサリの殻の形は基本的には長楕円形ですが、なかには円形に近い形のアサリもあります。こうしたアサリはダルマアサリと言われ、海の環境のよくないところで育ったものです。

このように、アサリの模様や色や形を比べてみるのもいいでしょう。

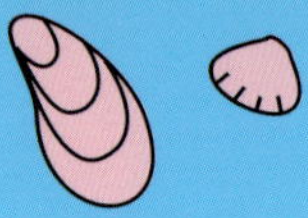

活動のレベル ★1

4. 砂団子づくり名人発見

対象	小学生～大人	季節	通年	時間	2時間	人数	4～5人／リーダー

干潟には、よく見ると小さな穴があいていています。その穴のすぐそばに、小さな砂が団子のように固まっているのが見られることがあります。それが砂団子です。よく見ると、砂団子の形や大きさはいろいろです。じつは、それらの砂団子は、干潟にすむある生き物がつくったものなのです。

準備するもの

干潟セット
→32ページ
書道用の筆
ルーペ

手順

1 干潟の穴と砂団子を見つける
2 ルーペで穴と砂団子の特徴を調べてフィールドノートに描く
3 穴にゆっくりと筆の先を近づける
4 カニがはさみで筆をつかんだら、そのままゆっくりバケツに入れる
5 カニが出てこないときは、スコップとくまでで穴を囲むように掘って、生き物を見つける

生き物の巣穴と砂団子

やってみよう 考えてみよう

生き物の違いによって、すむ穴と砂団子にはどのような特徴があるかを話しあいましょう。カニの種類によっても砂団子は違います。また、ゴカイの巣穴も砂団子があります。それぞれの特徴をみんなで調べて、発表してみましょう。

リーダーへのヒント

なぜ生き物が砂団子をつくるのか、話しあいましょう。

捕まえたカニやゴカイはその場で放し、掘った穴は元に戻しましょう。

コラム　ミミズとゴカイの共通点

豊かな森では、ミミズが落ち葉などの有機物を食べて細かくし、それを土中のバクテリアがさらに分解して、植物にとって必要な、栄養分の多い腐葉土をつくっていることが、よく知られています。

干潟にすんでいるゴカイは、ミミズと同じように、有機物を細かくするという働きをしています。さらに、ゴカイの巣穴は泥の中に酸素を供給することで、バクテリアの活動を助けていますが、ミミズも同じように土を掘り返して水分や通気性をよくし、土の中のバクテリアの活動を助けています。

干潟にはゴカイ以外にも、アサリのように、水をろ過する生物が多く生息しています。このように、干潟は海の「浄化機能」という、大切な役割を果たしているのです。

活動のレベル 1

5. 干潟の足跡チェック

対象	小学生～大人	季節	春～初夏	時間	2時間	人数	4～5人／リーダー

干潟には、たくさんの鳥がやってきます。どんな鳥が来るのか、それらの鳥にはどんな特徴があるのかを調べましょう。遠くから鳥を観察するとともに、干潟についた足跡が大きな手がかりになります。

準備するもの

干潟セット
→32ページ
ルーペ
双眼鏡

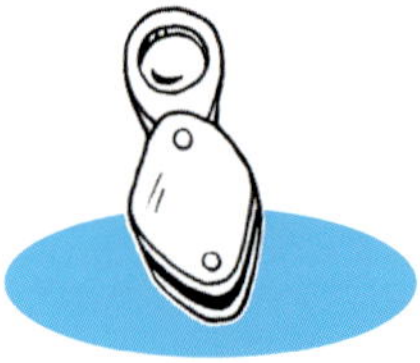

手順

1 離れた場所から干潟にいる鳥類（シギ、チドリなど）を双眼鏡で観察する
2 干潟全体をスケッチし、その鳥がどのあたりを歩いたかを描き入れる
3 フィールドノートに鳥の絵を描く
4 干潟で鳥の足跡を、ルーペを使って細かく確認
5 フィールドノートに描いた鳥の横に、その鳥のものと思われる足跡を描く

やってみよう 考えてみよう

足跡がその鳥のものと正しく合っているか、各自が描いたスケッチを見せあいましょう。足跡の大きさも、鳥によっていろいろと違います。また、足跡の位置によって、それぞれの鳥の歩き方の違いに気づきましたか？

遠くから見た鳥の姿や形と足跡を手がかりに、その鳥のことをもっと詳しく知るために図鑑で調べてみましょう。

リーダーへのヒント

鳥によって、干潟の歩き方や行動の仕方が違います。また、集団で行動するものとそうでないものや、行動する場所もそれぞれ違います。前もって、フィールドとなる干潟に来る鳥の種類や名前、さらには特徴を把握しておくといいでしょう。

遠くから干潟に入るときには、ゆっくりと近づきましょう。くれぐれも鳥を驚かせないように。

コラム 干潟の保全と創造

干潟は、沿岸の浅い海域や潮間帯に発達しますが、陸に近いため、人間の生活行動や産業活動の影響を大きく受けます。そのため、日本では戦後の高度経済成長期に干潟がずいぶん埋め立てられ、おもに工業用地になりました。なかでも東京湾は工業化や人口の集中が著しいために、明治時代と比べると約80～90%の干潟が埋められ、なくなってしまいました。

しかし、干潟が自然環境に及ぼす影響が大きいことがわかったため、最近は干潟の保全や創造の活動が活発です。そのなかでもよく知られているのが千葉県の三番瀬干潟です。三番瀬では「自然が生態系を形成し維持しやすいように、人がお手伝いする」という柔軟な取り組みが、千葉県や国土交通省国土技術政策総合研究所、地元の生物観察者、漁業者、干潟利用者など、さまざまな人たちとの連携により、協働ですすめられています。

磯

磯には、ゴツゴツした岩がたくさんありますが、
満潮時はそれほど目立ちません。でも、干潮時になると、
あちらこちらにタイドプール（潮溜まり）ができ、
いろいろな生き物を観察することができます。

岩には海藻が付着しているほか、
イソギンチャクやフジツボなども岩にくっついて生活しています。
小さなエビやカニは岩の下や隙間がすみかです。
魚はすばやく動きまわります。
タツナミガイは動きがのろく、擬態によって岩とそっくりになり、
ちょっと見ただけではわかりません。

すべての生き物が、磯の自然に馴染み、
溶けこむかのように、生きています。
それらはすべて、生き物の知恵といえるでしょう。
磯は自然あふれる海の小宇宙です。

磯に行くとき

■ 服装

襟のある長袖シャツと長ズボン（日焼けを防ぐため）
つばのある帽子（日射病、熱射病の予防のため）
かかとが覆われ滑り止めの加工がある靴（岩場でけがをしないように）

■ 持ち物（磯セット）

- 小型の図鑑
- タオル
- 日焼け止め
- 箱めがね →54ページ
- 救急箱（消毒液、救急用ばんそうこう ガーゼ、傷薬、ハサミ、毛抜き）
- スポーツドリンク
- 潮汐表
- 軍手
- フィールドノートと鉛筆 →80ページ

■ 注意

磯にはとがった岩が多く、海藻で滑りやすいため、けがをしないように、細心の注意が必要です。岩に付着したフジツボなどでけがをしやすいので、軍手をするといいのですが、基本的には素手をお勧めします。軍手をすると、どうしても岩につかまったり触れたりすることが多くなり、そのために岩に付着している生物を無意識のうちに傷つけることがあるからです。

また、潮の満ち干の時間サイクルは意外と速いので、いつのまにか潮が満ちて沖に孤立してしまったり、荷物が水浸しになったり波に持っていかれることがないように注意が必要です。

なお、磯でのアクティビティを行うときは、サブリーダーを置くのが望ましいでしょう。

海辺の基礎知識 3

タイドプールは自然体験活動に絶好の場所

海岸で、潮汐によって海中から露出したり海面下に沈んだりする場所を、潮間帯と言います。満潮線近くの高い位置と、干潮線近くの低い位置では、露出している時間が異なるため、乾燥や温度など環境が大きく異なります。その違いは、上の方から「高潮帯」「中潮帯」「低潮帯」と3つに分けて、環境や生物を調べるほどです。少し高さが違うだけで、異なる生物を観察することができるのです。

また、干潮時に外洋からとり残されてできたタイドプールは、直射日光や雨によって、水温や塩分濃度、酸素量が急激に変化します。もちろん、タイドプールができる高さや大きさによってそれぞれのタイドプールの環境は異なります。外洋にすむ大きな外敵は入ってきませんが、とても厳しい環境です。

生物は、その環境に適応するようにさまざまな工夫をしているので、観察にはうってつけです。

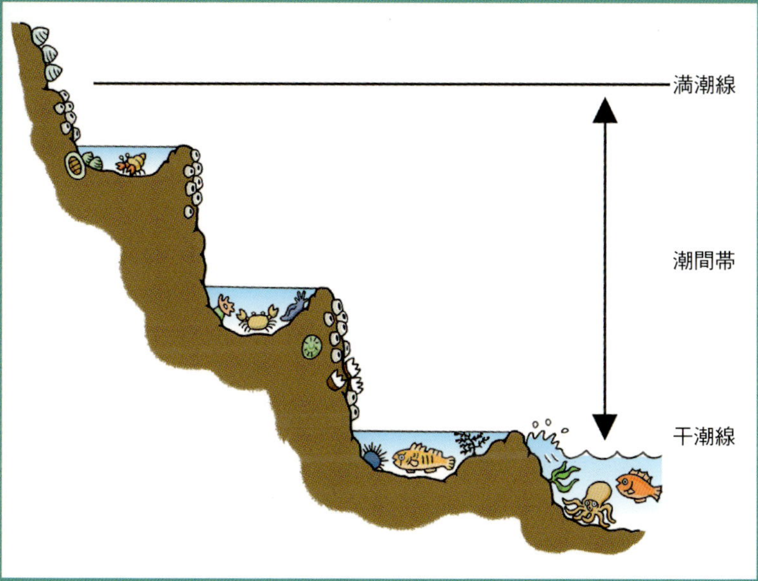

活動のレベル 1

1. そっとのぞいてみよう

対象	小学生～大人	季節	春～秋	時間	3時間	人数	5人／リーダー

箱めがねを使って、海中の生物の様子を観察するアクティビティです。
→54ページ
干潮時の磯をフィールドに、タイドプールや膝程度の深さの海中をのぞいてみましょう。箱めがねを使うことで、陸上の生物とは違う色とりどりの、まさに竜宮城のような景色を見ることができ、時間を忘れて楽しむことができるはずです。

ゆっくり歩こう。いろいろなものが目に入るよ

準備するもの

磯セット
→46ページ

手順

1 フィールドの磯に生息する代表的な生き物、エビやカニ、小魚等を前もって紹介する
2 箱めがねを使って、海の中の生物を観察する
3 観察で発見したこと、感じたことを発表する

やってみよう 考えてみよう

観察活動の最後に、発見したことや感じたことなどをお互いに話しあうことで、海の生物に関する情報を共有することができます。また、意見交換を通じて、海中生物の多様性を認識し、海辺や磯にすむ生物が、自然をうまく利用して生きていることを知りましょう。

リーダーへのヒント

フィールドの場所としては、波あたりが少なく、浅めの磯を選びます。騒いだり動いたりせずに、じっと観察をしましょう。むやみに動いていると、生物が岩陰に隠れてしまうからです。

観察する生き物は、最初に紹介したものに限定せず、多彩な海中の発見を楽しむよう促しましょう。

コラム　イノーを散歩してみよう

サンゴ礁の浅瀬のことを、沖縄の言葉で「イノー」といいます。イノーの一部分は大潮の干潮時に完全に干上がり、歩いて渡れるようになります。これは、「ワタンジ（渡ん地）」などと呼ばれ、散歩をすれば、手軽にサンゴ礁観察ができます。

ワタンジに入ると、さまざまな姿かたちのナマコや、腕をふりふりしているクモヒトデたちが出迎えてくれます。磯と同じで、潮溜まり（タイドプール）も見ることができます。

足元に砂がたまっていたら、手ですくってみましょう。サンゴのかけらや小さな貝に混じって、星の形をしたホシズナが見つかるかもしれません。ホシズナは、じつは有孔虫という海の生き物です。よく探せば生きているホシズナを、見ることができるかもしれません。

イノーはまるで玉手箱

文・写真：エコツアーふくみみ　大堀健司

磯のアクティビティ

活動のレベル 1

2. 潮溜まりの住所録

対象	小学生～大人	季節	春～秋	時間	4時間	人数	5人／リーダー

潮溜まり（タイドプール）のどこにどんな生物がいるかを観察し、フィールドノートに記録します。グループごとに分かれて観察することで、それぞれの潮溜まりについての相違点を発見できます。観察方法は「箱めがねでのぞく」を参考にしてください。

準備するもの

磯セット
→46ページ
住宅地図

手順

1 全体を2つ以上のグループに分ける（1グループ2～5人くらい）
2 住宅地図を見て、これからつくる「潮溜まりの住所録」をイメージする
3 グループごとに1ヵ所ずつ、観察する潮溜まりを決める
4 潮溜まりの中で、何がどこにすんでいるかを観察し、フィールドノートに記録する
5 調べた内容を、グループごとに発表する

よく見るといろいろ生き物がいるのがわかるよ

やってみよう 考えてみよう

　潮溜まりの住所録をまとめていくと、海中生物の多様な生活の様子をうかがい知ることができます。観察した生き物の種類数や生物ごとの個数、すんでいる場所などを、グループ間で比較することで、潮溜まりごとの生き物の生活習慣の違いを発見しましょう。

　海の生き物が、磯のさまざまな場所をくまなく活用し、生活していることを理解し、生き物の体がそれぞれのすむ場所に都合のいい仕組みになっていることについても見てみましょう。

タイドプールの観察は騒いだり動いたりしないようにしよう

リーダーへのヒント

　危険性が低く、多様なタイドプールがいくつかある海岸を選びます。タイドプールは高潮帯から徐々に生き物の種類が増え、低潮帯では大きめの魚なども見ることができます。

高潮帯・中潮帯・低潮帯の生き物の違いを知ることも大切です

活動のレベル 1

3. なぎさ水族館

対象	幼児～大人	季節	晩春～晩秋	時間	2時間	人数	5人／リーダー

潮溜まりの生き物を一時的に採集し、水槽に入れて、海辺に今日一日だけの水族館をつくってみましょう。みなさんが飼育係です。生き物が弱らないように気をつけて下さい。だれかが水族館を見に来たら、解説員になって、説明してあげましょう。

準備するもの

磯セット
→46ページ
水槽
たも網
テーブル
画用紙
図鑑
耐水紙
セロハンテープ
マジックペン
エアレーション

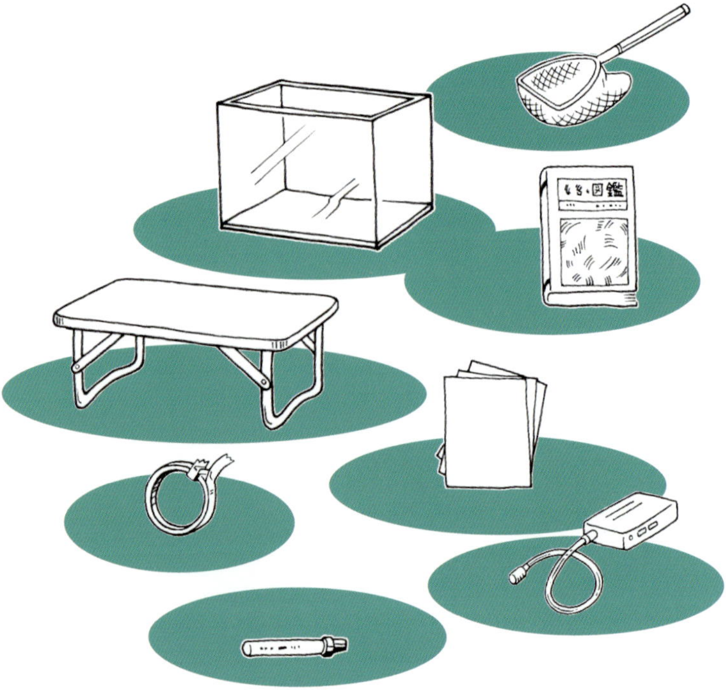

手順

1　海岸の平らな場所に水槽をおく（テーブルがあればなおいい）
2　潮溜まりを観察して、いろいろな種類の生き物を捕まえよう
　同じ種類をたくさんとらないように注意
3　捕まえた生き物は、「泳ぐもの」、「這うもの」などテーマ別に別々の水槽に入れる
4　水槽にはテーマや生き物の名前を書いたラベルをつける
5　水槽の生き物を観察してみよう
6　通りがかりの人などにも見てもらい、説明しよう

今日は水族館の飼育係だ！

やってみよう 考えてみよう

潮溜まりの生き物を集めた水族館をよく観察してみましょう。それぞれの姿や形を見て気づいたことを話しあいましょう。

海洋生物のさまざまな姿や形は、生活している環境、えさの種類、えさのとり方、生活の仕方などと関係しています。

通りがかりの人にも見てもらえるように、「水族館」の看板や解説板もつくってみましょう。「水族館」に興味をもって見学に来てくれた人には、「解説員」として、水槽の解説をしてあげましょう。

水槽の生き物が弱らないように注意して、最後には元いた場所に戻しましょう。

リーダーへのヒント

危険性が低く、多様性の高いタイドプールがある海岸を選びましょう。採集の前に危険な場所や、危険な生き物の確認をしておきましょう。また、弱りやすい生き物は採集したりしないようにしましょう。夏は水槽の温度が上がりやすいので注意しましょう。

場所によっては、一時的とはいえ生き物の採集をしないルールが設定されている地域もあります。また、利用者が非常に多い場所や、漁業対象物が豊富な海域などでは採集を伴う活動の実施は不適当です。地域性に配慮して活動することが重要です。

コラム　箱めがね

箱めがねは、漁師さんが魚をとるときに使うものです。水面には、光が反射したり、波ができたりして水中が見にくいので、箱めがねでのぞきながら、網や銛で魚をとるのです。

箱めがねは、プラスチックの水槽で代用できるほか、大きなペットボトルや缶の底に透明のビニールを貼ってつくることができます。

水中をハッキリと見られる

ペットボトルでつくった箱めがね

イトマキヒトデ

アカヒトデ

シロウミウシ

アオウミウシ

ケヤリムシ

ムラサキウニ

活動のレベル 1

4. ヒトデとウニはどう歩く

対象	幼児～大人	季節	通年	時間	1時間	人数	5人／リーダー

磯にすむヒトデやウニを、実際に手にとって観察します。ヒトデやウニは、ひとところにとどまっているように見えるくらい、動きがゆっくりですね。どのように移動するかを調べてみましょう。

準備するもの

磯セット
→46ページ
水槽

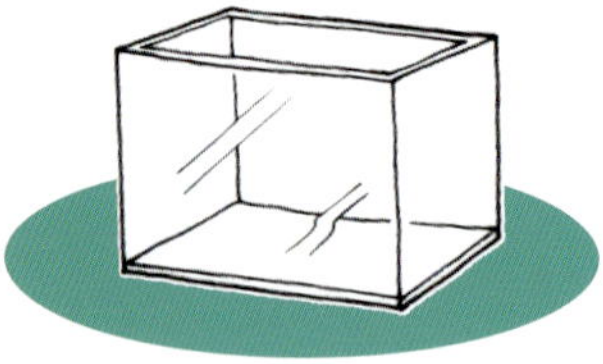

手順

1　ヒトデとウニを水槽に入れる
2　ヒトデを裏返すとどうなるか予想する
3　ヒトデを裏返して、変化の様子を観察する
4　ウニを水槽に入れて、移動する様子を見る
5　ウニを水中で素手の手のひらに乗せる
6　手のひらがむずむずてきしたら、手を水中から出し逆さにする

手のひらにくっついて逆さにしても離れないウニ

ヒトデを裏返してみよう

やってみよう 考えてみよう

ヒトデが裏返る様子は、予想と比べてどうだったかを話しあいます。ウニはどのように移動をしていましたか。

じつは、ウニ、ヒトデ、ナマコなどの棘皮動物は、管足という水圧で動く小さな吸盤のような足をたくさん持っています。

なかでもウニは、管足の吸着力が強いため、手をひっくり返しても落ちないのです。

水槽に入れておいたウニを無理にはがすと、水槽に無数の小さな点が残ります。これは、吸盤をもつ管足が引きちぎられて容器に残ってしまっているのです。ウニはやさしく、そっとはがしましょう。

リーダーへのヒント

ウニは、第一種共同漁業権の対象となっており、漁業権者の了解なしに採捕すると漁業権侵害として告訴される可能性があります。事前に地元の漁協に相談し、了解を得たときにのみ実施するようにして下さい。

コラム

ヒトデのやわらかさの秘密

ヒトデは捕まえたときには堅いのに、どうしてグニャグニャになって裏返ることができるのでしょうか。

ヒトデの体は、硬い殻で覆われていますが、よく見るとそれは貝殻のように大きな一枚の板ではなく、1mmほどの小さな骨片が並んでできています。これらの骨片は、「キャッチ結合組織」と呼ばれる組織でつなぎ合わされています。このキャッチ結合組織というのは、棘皮動物にだけ見られる特殊な組織で、堅さを自由に変えられます。

キャッチ結合組織が硬くなると、骨片はしっくいで固めた屋根瓦のようにしっかりとくっつきあい、一体の殻のようになります。ナマコが、捕まえたときにはひどく硬くなっているのに、しばらく握っていると急に軟らかく、とろけたようになってしまうのもキャッチ結合組織の働きなのです。

ヒトデは裏返されると、腕など体の一部のキャッチ結合組織を軟らかくし、骨片についている小さな筋肉を使って体を反転させ、起き上がることができます。

海中

スノーケリング入門

マスク（水中メガネ）、スノーケル、フィンという、たった３つの道具で、海中の自然体験活動ができる、これがスノーケリングの魅力です。ひとたび海の中をのぞけば、そこはさまざまな生き物にあふれた不思議な世界です。スノーケリングをマスターして、魅力いっぱいの海の世界にどんどん出かけましょう。

1. 基本器材３点セット

スノーケリングの名前は、スノーケルを装着して水中観察をしたり、海面移動をしたりすることからきています。スノーケリングの基本器材３点セットとは、マスク、スノーケル、フィンです。マスクは、空中とは光の屈折率が異なる水中でも、ものを見ることができるためのめがねです。スノーケルは、顔を上げ下げすることなく、水中に浸けたまま呼吸ができるパイプです。

フィンは水面や水中を楽に移動するための道具です。フィンで進めば、手をかいて進む必要がないので、目の前の魚を驚かせて追い払ってしまうこともなく、じっくり観察できます。スノーケル、マスクを使うことで、疲れにくく長時間海に入っていられるのです。では、これらの器材の選び方について説明しましょう。

■マスク

水中観察のために、第一に必要な器材がマスクです。マスクは基本的に顔にフィットしているものを選びましょう。フィットしているかどうかの確認は、バンドをかけずにマスクを顔につけて当たり心地が悪くなく、鼻から軽く息を吸って手を離してもマスクが顔に密着し、落ちなければＯＫです。マスクを顔に当てるときは、髪の毛をはさまないようにします。

潜水するときは、耳抜き（潜水する水圧に応じて内耳、副鼻腔に空気を送り圧力平衡をとること）のための鼻つまみがついている必要があります。将来、素潜りやスクーバダイビングをすることを考えるなら、最初から鼻つまみがついたものを購入するといいでしょう。

マスクの前面ガラスは、多少の衝撃に耐えられるように、強化ガラス（Tempered Glass）になったものを選びましょう。1眼タイプと2眼タイプがありますが、1眼タイプは一般に視界が広く、2眼タイプは度つきレンズに交換が可能という特徴があります。

Q：コンタクトレンズをしたままマスクをつけてスノーケリングをしても大丈夫ですか。

A：度つきレンズに替えたマスクの使用が望ましいのですが、スクーバダイビングほど制約はされません。マスクに水が入ったらコンタクトレンズを流さないように目をつぶるようにすればコンタクトレンズをつけたままでも使用できます。

ソフトコンタクトレンズのなかには、多少なら水中で目を開けても流れないものがあります（ただし、海水の塩分がコンタクトと眼の間からなかなか抜けないので、しばらく塩水がしみます）。

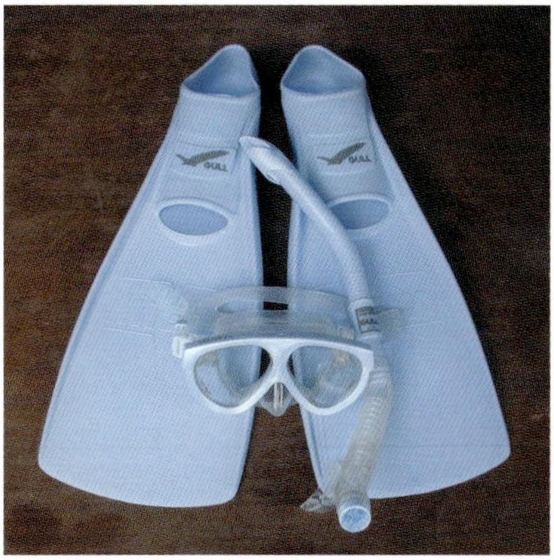

■スノーケル

スノーケルは、口にくわえるマウスピースの部分の大きさが口と合っているもの、呼吸量に見合ったパイプの長さと太さのものを選びます。女性や子どもには、小さめのマウスピースがいいでしょう。長さは、マウスピースをくわえたとき、スノーケルの先端が後頭部の上へしっかりと出るものを選びます。肺活量が小さい女性や子どもは、細めのパイプを選びましょう。

最近のスノーケルには、スノーケルクリア（後述）が楽にできるための排気弁のついたタイプが多くあります。排気弁のないタイプの利点は、スノーケルクリアがしっかり身につく、排気弁のトラブルがなくハードな使用に耐える、浅瀬でのスノーケルクリアで見ている魚を驚かせない、などがあります。

■フィン

フィンには、ベルトでかかとをおさえるストラップタイプと、普通のシューズと同じ形のブーツタイプ（フルフットタイプ）のものがあります。ストラップタイプは、ブーツを履いてベルトでサイズを調整して使用するのに適しています。ブーツタイプは、かかとがしっかりフォールドされるので、しっかりした強いキックができます。フィンは脚力に応じて、硬さを選びます。子どもや女性は柔らかいものを、脚力の強い人は比較的硬いものを選びます。初心者は柔らかいものから始めましょう。

Q：スクーバダイビング用のフィンでもスノーケリングに使えますか。

A：両用できるものもありますが、それぞれの目的に合わせて使用したほうがいいでしょう。スクーバ用のフィンはタンクや重器材を装着して水中移動をするために、概して硬い素材でできています。スノーケリングにそのフィンを用いると、キックの形が悪くなったり、素材が硬いために柔軟な動きができず、体がぶれたりします。

スノーケリングは、軽いフィンキックでスーッと慣性移動していく心地よさが魅力です。柔らかくてしなりのあるフィンは、強くキックしても体がぶれず、フィンの向きの微妙な調整で推進方向が自在にコントロールできるのです。まるで魚のヒレのようで、これこそまさしく「fin」です。

Q：スノーケリングには、ブーツタイプのフィンとストラップタイプのフィンとどちらが適していますか。

A：一部のストラップフィンには、柔らかい素材を使い、長さも短めでスノーケリングによく対応できるものもありますが、やはり、かかとまでしっかりフォールドできるブーツタイプのフィンにはかないません。マリンブーツを履いて使用する場合には、いい組み合わせを見つける必要があります。

2. より快適に、より安全に楽しめる道具

スノーケリングは、水着を着て上記の3点セットがあればできますが、それ以外に、スノーケリングができる地域や季節の制限が少なくなり、快適さや安全性を増す用品があります。また、溺れや冷えの予防にも効果があります。ここでは、それらの道具について説明します。

■ウェットスーツやラッシュガード、スイムトップ

夏でも長時間水中に入っていると、体温が奪われて寒くなってしまいます。ウェットスーツは保温性にすぐれ、着用すれば長時間快適にスノーケリングを楽しむことができます。すり傷や日焼けなども防止できます。また、浮力があるので溺れの心配がなくなります。ただし、潜水に使用するときはウェイト（重り）が必要です。ラッシュガードやスイムトップなどのスノーケリングウェアは浮力の調整が必要なく、手軽に日焼けやすり傷から肌を守ることができます。

■マリンブーツ、スノーケリングシューズ

岩場を歩くときに足を保護できるので、安心して歩くことができます。スノーケリ

ングシューズを履いたままフィンが装着できるので、フィンズレの防止にもなります。

■グローブの選び方

水中に長時間入っていると、身体がふやけて傷に弱い状態になります。グローブは、岩や物体から手を保護するためには、とても効果的です。ただし、生き物や海藻などが付着している岩を不用意に触ってしまい、海洋生物へのダメージを引き起こすことにならないように注意が必要です。あえてグローブを使わないで、ローインパクトを心がける人もいます。

■フローティングベスト、スノーケリングベスト

浮力があるので、遊泳に不安のある人や小さな子どもなどが、安心してスノーケリングを楽しめる補助用具です。ライフジャケットでも代用できます。スノーケリングベストは空気の出し入れによって浮力の調整ができ、潜水することが可能です。

■水中ナイフ

フィンなどがロープや釣り糸に絡まったとき、素早く切って脱出できます。全員が持つ必要はありませんので、グループリーダーが安全管理のために用意しておくといいでしょう。

■その他

メッシュバッグ、フィンサポート、ウェイトベルト、水中ライトなどがあると便利です。必要に応じて用意するといいでしょう。

3. 安全管理

スノーケリングをするには、いくつかの技術が必要になります。しかし、それほど難しいものではありませんので、子どもから大人までだれにでも簡単に習得でき、安心して活動できるようになります。また、スノーケリングは「バディシステム」といって2人が協力して行いますが、それによって、より安全に海を楽しむことができます。

■スノーケリングをする場所の安全性

天候、海の状態（波、風、潮流、水温、透明度など）、漁業、他のマリンスポーツの実施状況などを確認し、スノーケリングに適した状況かどうか判断します。クラゲ、有毒生物など危険な海洋生物の有無と対処方法も調べましょう。地域のダイビングショップや漁協など、フィールドを予定している現地の海の安全性に詳しい人に相談するといいでしょう。いざというときのために、救急病院、警察、海上保安庁の連絡先も調べておきましょう。

■健康チェック

ほかのスポーツやレジャーと同様に、健康状態が悪いときはスノーケリングを中止すべきです。安全にスノーケリングを楽しむために、日頃から健康に注意し、できれば水泳などのスポーツを定期的に行っているのが望ましいでしょう。

■器具の装着チェック

スノーケリングのためのマスク、スノーケル、フィンおよびブーツ、ウェットスーツなどのフィッティングはとても重要です。顔や足や体に合っていなかったり壊れていれば、肉体的な苦痛をともなうことがあるばかりでなく、強いストレスを引き起こします。さらに、器材がはずれたり足がつるなど危険な場合もありますから、器材を選ぶ際には充分吟味し、また開始前には器材をよくチェックします。

■バディシステム

海でスノーケリングやダイビングをするときには、「バディシステム」といって2人1組（全体が奇数のときは1組のみ3人）

になって行動します。お互いに助けあったり、器材の装着の確認をしあったり、安全の確認を取りあったりします。2人でスノーケリングをすれば、楽しみも喜びも2倍になる、大切な仲間づくりのシステムです。

4. スノーケリングの技術

■海面にしっかり浮いてみよう

スノーケリングの基本は浮くことです。まずリラックスし、次にゆっくりと深呼吸をして海面に浮いてみましょう。ウェットスーツを着用すれば、浮力があるので楽に、安心して浮くことができます。不安があればフローティングベストなどを活用しましょう。

■水の中を見てみよう

水中でマスクを使用すると、水温と体温の温度差や呼気によってマスクのガラスの内側が曇ります。そこで、唾液や海藻、ヨモギの汁、専用のマスク曇り止めなどで予防します。腰の深さあたりのところでマスクをつけ、水の中をのぞいてみましょう。マスクの装着に問題があると、水が入ってくるのでこの段階で直します。

マスクの内側が曇ったときの処置の仕方、マスククリアも練習しておきます。マスクの下を少し開けて水を入れ、内側のガラス面をすすいで排水します。海面なら再度マスクの下を開けて排水します。水中では、マスクの上を手で押して鼻から息を吐き、下部から排水します。このとき顔を縦

にして行うように注意し、最後に少し上を向いて中の水を出しきります。

■スノーケルで呼吸してみよう

スノーケルをマスクのバンドの右側につけ、先端が後頭部の上へ位置するように調整します。マウスピースのでっぱったクワエを歯で軽くかみ、スカートの部分は歯茎と唇の間にくわえます。水が入らないように唇でパイプを包んでくわえたら、水中に顔を半分まで入れ、スノーケルから呼吸します。

スノーケルをつけて呼吸するときは、パイプの分、気道が長くなったと考え、大きくゆっくりとした呼吸をするのがコツです。海底から足を離し、まず大きく息を吐いて、次に大きく吸い込みます。水面に浮かんだ状態で、落ち着いて呼吸できるまで練習します。斜め前方を見るようにし、パイプに水が入るのを防ぐためにも、真下より後ろは向かないようにします。

■スノーケルクリア

次に、波や水中をのぞきこんだ拍子に、スノーケルに水が入ったときの対処を練習します。スノーケルから口の中に水が入ってきたときは、口をすぼめて、舌でマウスピースの口を押さえ、水面に出てから勢いよくプッと息を吐き出し、スノーケルの中の水を吐きとばします。呼吸を再開するときは、スノーケルの中に水が残っていないかを確かめるように、ゆっくり空気を吸います。この動作を「スノーケルクリア」といい、水を吸い込んで慌てたりむせたりしないためにも、また、スキンダイビング（素潜り）にチャレンジするときにも必ずマスターしなければいけない動作なのでしっかり練習しましょう。

■フィンで水面を移動してみよう

いよいよフィンを履いて水面移動です。ビーチの波打ち際で、腰を下ろしてフィンを履きます。立ち上がって海に向かいますが、フィンの反動で後ろに倒れて思わぬけがをすることがあるので、カニのように横歩きをします。水に入ったら、抵抗を少なくするために斜め後ろ向きに歩きます。石などにつまずかないようしっかり後ろを見てください。

腰くらいの深さまできたら、水に浮かんでフィンをキックして進みます。フィンキックの仕方はクロールのばた足と同じで、足をつま先まで後ろに伸ばし交互に上下させます。力が入りすぎてひざが曲がったり、つま先が下に向いたりしないよう注意します。浅いところで、バディ同志が手をつなぎながら練習するといいでしょう。

あまり早いピッチでバタバタとキックをしても疲れるだけですから、フィンのブレードでしっかりと水を押している感覚を味わいながら進んで下さい。力まず、足全体の筋肉を使ってしなやかにキックします。背の立つ深さで充分練習をしたあとで、移動の範囲を広げていきましょう。背の立たないところで活動するときは浮力を確保し、レスキュー体制をとるなど安全に心がけましょう。

初めてスノーケリングをしたとき、だれもが感動するのは、足元の海底や通り過ぎる魚などが思っていた以上に、はっきりと見えることです。水中の景観、魚などの海洋生物のすばらしさや美しさを、思う存分味わってください。あなたの世界が、さらに広がっていきます。

5. スノーケリングに適した場所

初心者のスノーケリングには、波が静かで潮の流れがないこと、水深はおおむね5mまでで生物が多いこと、透明度が高く海底までよく見えていること、苦痛なく実施できるくらい水温が高いこと、練習のための背の立つ、足元の平らな浜があるところが適しています。また、着替えや講習のできる場所があること、万一に備えて近くに救急病院があること、漁業関係者と調整ができていること、航路が近くになく、ほかのマリンレジャーとの安全性が確保されていることなども必要です。

正しいフォーム

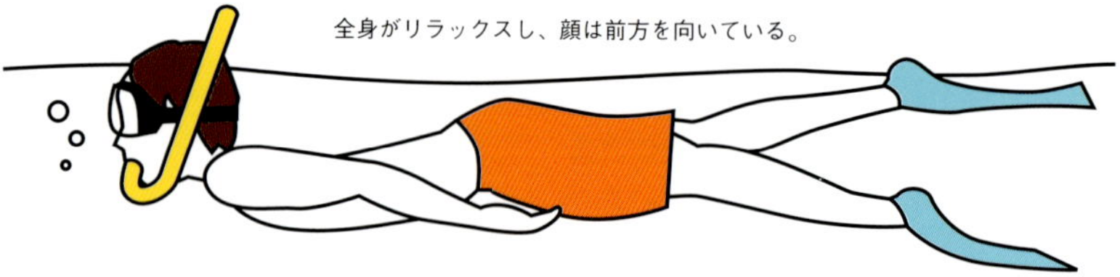

全身がリラックスし、顔は前方を向いている。

悪いフォーム

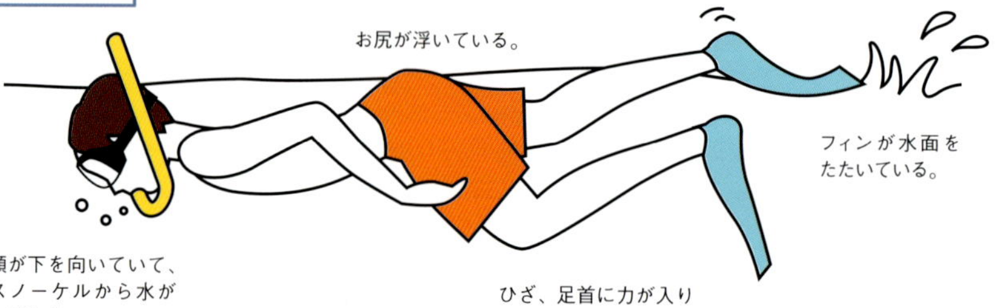

お尻が浮いている。
フィンが水面をたたいている。
顔が下を向いていて、スノーケルから水が入りやすい。
ひざ、足首に力が入りまがっている。

■磯浜

スノーケリングに最適な環境は、内湾の岩礁や転石地のある磯です。磯が砂地と続いていることが望ましいでしょう。足場のいい砂地でスノーケリングの練習をし、慣れて上手になったら、砂地に点在する転石や岩礁の根の部分の水中景観を楽しんだり、海洋生物の観察をしたりします。

岩礁に行けば魚の種類も多く、より楽しむことができます。磯には潮の干満によってできるタイドプール（潮溜まり）があり生物がたくさん暮らしています。浅いところなら、小さな子どもでもたくさんの生物が観察できるので、とても楽しいところです。

■サンゴ礁

亜熱帯より南の海岸にはサンゴ礁の発達しているところが多く、その礁湖（ラグーン）も美しいサンゴときれいな魚たちにあふれる、スノーケリングに適したすばらしい環境です。礁縁（リーフ）に守られているため、その中の礁湖は外洋が荒れていても静かな海が広がっています。潮の干満で強い潮流が発生するところもあるので、地元の人に安全性を確認しましょう。

■その他の場所

砂浜には砂地の生物が暮らし、干潟にもそれぞれの環境に適応した生物が生息しているので、透明度がある程度確保できれば、どんなところにもスノーケリングが楽しめる場所があります。川や湖でも生物がいて楽しむことができます。ただ、流れや水温変化の急激なところもあるので、地元の人から情報を得るのがいいでしょう。

スノーケリングは手軽にできてとても楽しいアクティビティですが、海面海中で活動するため、ときに危険な目にあうこともあります。そのため、初心者はしっかりとした指導者のもとで始めるべきです。スノーケリング観察会を実施している団体や、ダイビングショップに相談しましょう。

活動のレベル 3

1. スノーケリングで魚になろう

対象	小学生～大人	季節	春～秋	時間	1.5時間 （未経験者は2.5時間）	人数	1～6人/リーダー

海中は砂地から磯のタイドプール（潮溜まり）、転石帯、岩礁、干潟、サンゴ礁に至るまで生き物に満ちた素晴らしい世界です。スノーケリングはマスク、スノーケル、フィンの３つの道具さえあれば始められる楽しいアクティビティです。しっかり練習をしたら海中の探索に行ってみましょう。

準備するもの

マスク、スノーケル、フィン
ウェットスーツ
マリンブーツ、グローブ
フローティングベスト
フロート（救命浮環）
生物図鑑

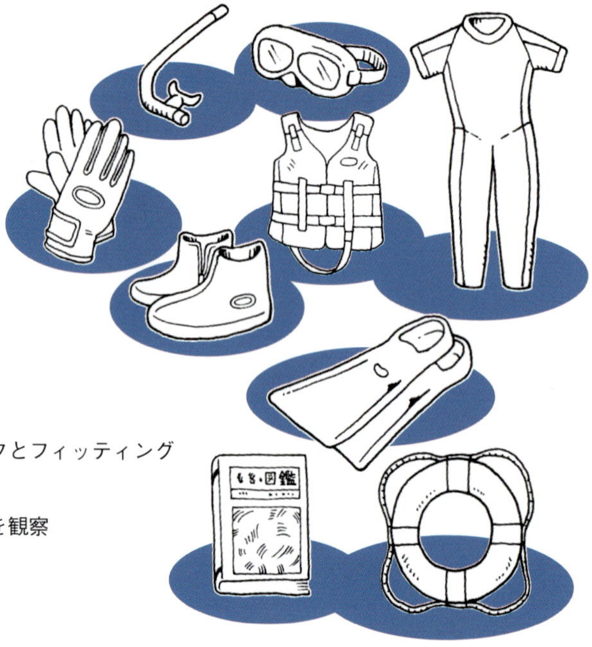

手順

1 スノーケル用品のチェックとフィッティング
2 水中を見ながら移動
3 魚など対象となる生き物を観察
4 図鑑で調べる

魚になって海に浮かぼう

やってみよう 考えてみよう

観察した生き物のすむ場所や必要な条件などについて話しあい、海の環境について考えましょう。海には多様な生物が生息し、多様な環境があることに気づきます。観察した生物の面白さ、不思議さ、愛らしさから、生命あるものと海の大切さを実感しましょう。

リーダーへのヒント

生き物を驚かさないようにそっと観察しよう

用具の選定とフィッティングは重要です。特に初心者がいる場合には、58ページからの「スノーケリング入門」を参考にして、じっくり時間をかけてフィッティングを行ってください。

クラゲなど危険な生物に注意しましょう。

干満により水深が変化するので、深くて海底があまり見えなかったり、潮が引いてスノーケリングで移動できなくなったりするので干満時刻には注意が必要です。干満の差が大きくなるときは潮流が発生しやすくなります。

バディシステムを徹底し、参加者同士が安全管理に努め、かつ楽しさも共有できるようにしましょう。

地形や潮流の関係で流れが速いところがあるので、事前に、その地域の海に詳しい漁師さんやダイビングショップなどで情報を収集しましょう。

観察する生き物をやたらに追いかけたり、捕まえないように心がけましょう。勢いよく近づけばほとんどの動物は逃げてしまい、捕まえれば生き物本来の生活が見られなくなってしまいます。驚かさず、じっくり観察することが大切です。

あまりの面白さに夢中になって、ヒートロスになってしまわないよう注意が必要です。

活動のレベル 3

2. 海藻の森訪問

対象	小学生〜大人	季節	春〜秋	時間	1.5時間 （未経験者は2.5時間）	人数	1〜６人／リーダー

海には陸上の森のように海藻が茂った場所があります。海藻は岩に着生するので、森は主に岩礁地帯にあります。海藻の森にはえさもたくさんあり、魚をはじめイカやエビなどいろいろな動物のすみかになっていて、卵を産んだり、幼魚の時代をすごしたりと、多くの生き物にとって重要な環境です。そっとのぞきに行ってみましょう。

準備するもの

マスク、スノーケル、フィン
ウェットスーツ
マリンブーツ、グローブ
フローティングベスト
フロート（救命浮環）
生物図鑑

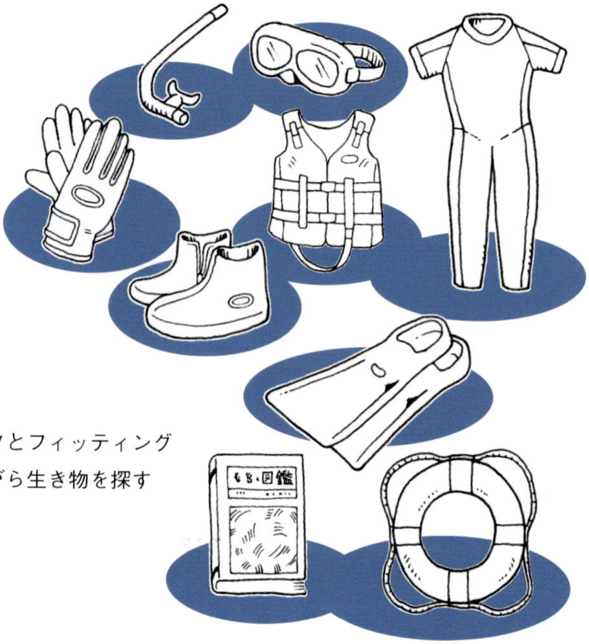

手順

1 スノーケル用品のチェックとフィッティング
2 海藻の森の上を移動しながら生き物を探す
3 魚などをじっくり観察
4 図鑑で調べる

海中のホンダワラ類

やってみよう 考えてみよう

観察した海藻の種類や生え方、そこにすむ動物たちについて話しあい、海の中で海藻がどんな役割を果たしているかについて考えましょう。

そこにすむ生物の面白さ、不思議さ、愛らしさから生命あるものと海の関係を考えましょう。

リーダーへのヒント

スノーケリング一般の注意事項に加え、海藻が波に揺れている状態を長く見ていると、波酔いしやすくなります。ときどき岩や砂地など動かないものを見て目を休めましょう。

春、ホンダワラの仲間が成長したとき（5ｍ以上になる）や、コンブなど細長い海藻が海面まで茂っているところでは、これらの海藻が体に巻きついて危険です。近づかないようにしましょう。場合によっては、このアクティビティの実施を避ける必要があります。

眼下に広がる海藻の森が育む海の環境について考えよう

活動のレベル 3

3. フィッシュウォッチング

対象	小学生〜大人	季節	春〜秋	時間	1.5時間（未経験者は2.5時間）	人数	1〜6人／リーダー

スノーケリング観察で、もっとも楽しい生き物、それは魚です。好奇心があって、魚のほうから私たちに近寄り、手を伸ばせば触れるくらいのところに来る種類もあるので、よく観察できます。驚かさないように、そっと観察していると、すぐ警戒心を解き、えさを食べることもあります。オスがメスをひきつけるディスプレイをしたり、縄張り争いをしたりと、さまざまな日常の行動も観察できます。魚の違い、色、模様、形を観察してみましょう。

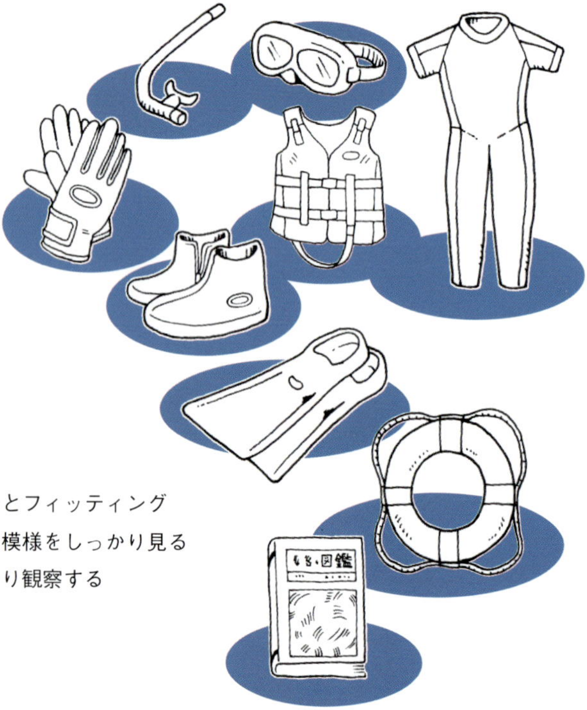

準備するもの

マスク、スノーケル、フィン
ウェットスーツ
マリンブーツ、グローブ
フローティングベスト
フロート（救命浮環）
生物図鑑

手順

1　スノーケル用品のチェックとフィッティング
2　魚を見つけたら、色や形、模様をしっかり見る
3　何をしているのかをじっくり観察する
4　図鑑で調べる

フタスジタマガラ

やってみよう 考えてみよう

魚の色や模様の意味を考えてみましょう。シマウマやハチ、ジャノメアゲハなど、陸にいる似た模様の動物と比較して考えると理解しやすくなります。また、見た場所と魚の形の関連も考えてみましょう。

おもしろい行動、興味のあった動きなどを話しあい、その意味を考えましょう。魚類は脊椎動物という高等動物で、多様な行動様式をもっています。その意味を知ることで、ますます生物に対する興味が深まるでしょう。

リーダーへのヒント

できるだけゆっくり泳ぎ、魚を警戒させないように行動します。近くにいる魚に目を奪われがちですが、視点を遠くに向けてみましょう。魚と距離をとって観察できるようになり、近づくと逃げてしまうような警戒心の強い魚も観察できるようになります。

一種類ずつの観察ができるようになったら、ほかの種類の魚との関係も見るようにすると、種間関係がわかります。

シマカゴオヤ

アナハゼ

魚の模様

魚には、いろいろな模様があります。代表的なものを覚えておくと、観察した魚の名前を調べるとき、役に立ちます。イラストを見て、「おや？」と思ったものがありませんか。そう、「縦じま」と「横じま」が反対のように感じられます。

「横じまのシャツを着た」というときにイメージするヒトは、立った、すなわち頭を上に、足を下にした姿ですね。同じように、魚も頭を上にして立たせてみたときに、しまが縦か横かで判断します。

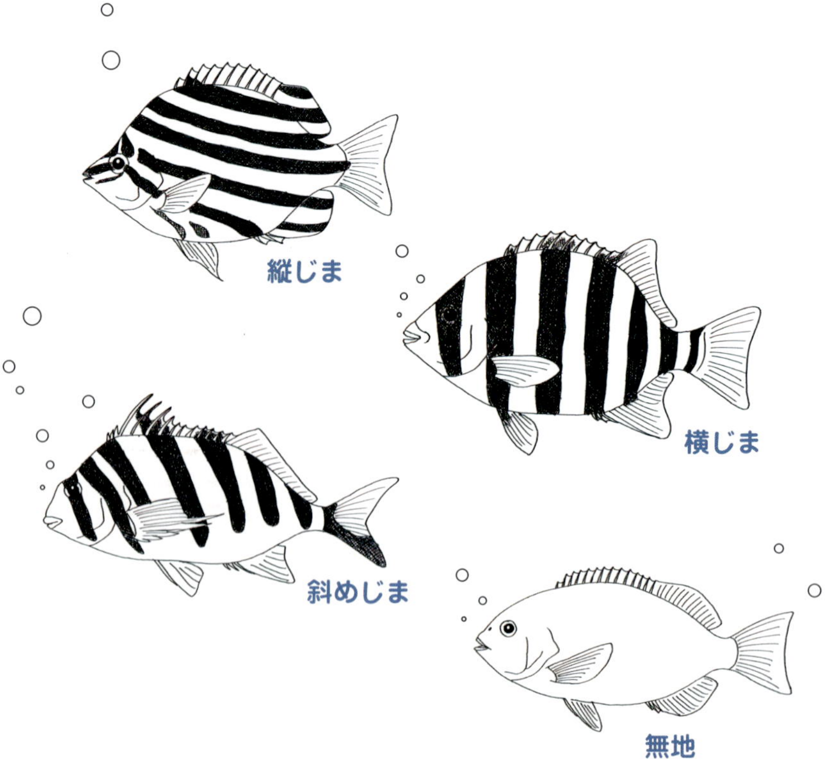

イラスト　田中寛子

海中のアクティビティ

活動のレベル 3

4. サンゴ礁の海を見よう

対象	小学生～大人	季節	通年	時間	1.5時間（未経験者は2.5時間）	人数	1～6人／リーダー

亜熱帯より南の海岸には、サンゴ礁が発達しています。なかでも、礁縁（リーフ）に囲まれた礁湖（ラグーン）は、外洋が荒れていても静かで、スノーケリングには理想的です。サンゴ礁の海は、信じられないほど多様な生き物がいて、魚たちもカラフルです。楽しさいっぱいのサンゴの海で、スノーケリングしてみましょう。

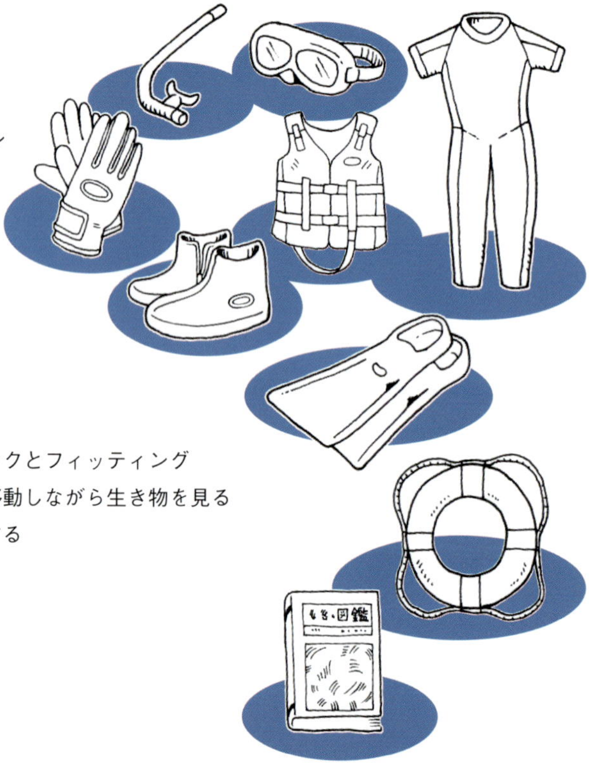

準備するもの

マスク、スノーケル、フィン
ウェットスーツ
マリンブーツ、グローブ
フローティングベスト
フロート（救命浮環）
生物図鑑

手順

1 スノーケル用品のチェックとフィッティング
2 サンゴの上をゆっくり移動しながら生き物を見る
3 魚などをじっくり観察する
4 図鑑で調べる

エダサンゴとミスジリュウキュウスズメダイ

やってみよう 考えてみよう

砂底や岩底、バラス、塊状・枝状・テーブル状のサンゴなど、海底の状態によって観察できる生き物の違いを考えましょう。多様な環境に、多様な生き物が生活していることがわかるでしょう。生物同士のかかわりあいについても考えましょう。サンゴ礁がどんな役割をしているか考えましょう。

美しいサンゴの郡落

リーダーへのヒント

サンゴ礁は日差しが強いので、日焼け対策を万全にします。また、サンゴは硬いので、肌に直接触るとけがをします。スノーケルウェアを利用するなどして、注意しましょう。

サンゴ礁では、干満によって強いリップカレントが発生する場所があります。あらかじめ地域の漁師さんやダイビングショップに確認しましょう。さらに、ハブクラゲなど危険性の強い生物もいるので情報を収集し、対処します。

サンゴの上に立ったり、フィンでキックをしてサンゴを壊さないように、スノーケリングの技術はしっかり練習して身につけておく必要があります。

活動のレベル 1

5. アマモは海のゆりかご

対象	小学生～大人	季節	春～初夏	時間	1.5時間 （未経験者は2.5時間）	人数	4人／リーダー

アマモは泥土上に群生しますが、海藻ではありません。水の中で花を咲かせ種をつける海草なのです。根茎に甘味があって食べられるので「アマモ」の名前があるといわれています。アマモには、いろいろな生き物が集まってきて、それらのすみかにもなっています。なぜ生き物が集まるのでしょう。そして、どんな生き物がいるのでしょう。

準備するもの

干潟セット
→32ページ
タモアミ
バケツ
バット（4枚ほど）
ライフジャケット
水中めがね（箱ねがね）

手順

1 アマモの生えている場所を見つける
2 アマモの根のほうから、ゆっくりとタモアミを差し込む
3 タモアミを揺らしながら、ゆっくりと引き上げる
4 タモアミの中のものをバケツに移す
5 捕まえたものをバットに種類分けする

アマモの森

やってみよう 考えてみよう

タモアミに入っていたものにどのようなものがあったかを発表します。アマモが海の生き物に果たしている役割は何かを考えましょう。

リーダーへのヒント

捕まえた生き物は、その場で放してあげましょう。アマモをタモアミで傷めないように気をつけましょう。アマモの茎や根元を水中めがねや箱めがねを使って、直接観察するのも大切です。魚などの卵が付着していることがあるからです。

アマモにはいろいろな生き物がいるよ

コラム　プロが主催するアクティビティに参加してみよう！

海辺の自然体験活動には、各地域の漁業組合や観光協会などが主催するものが多くあります。代表的とも言えるのが漁業体験です。漁業体験は、海の知識が豊富な漁師を講師としているものが多いので、ただ魚をとるだけではなく、彼らのさまざまな体験を通じて得た、生きた知識が学べます。アクティビティを企画したり実行したり、あるいはリーダーとして活動するときの参考になるだけでなく、気づくこともたくさんあります。

そのほか、各種保護団体やいろいろな研究会などが中心となって行う、ウミガメやイルカ、クジラなどの貴重な海の生き物を観察したり、あるいはその地域ならではの特徴あるイベントも多くあります。

計画したアクティビティが、最初からうまく実行できることはなかなかありえないことです。ですから、よその活動を参考にすることは、とても重要だと考えられます。

是非、いろいろなイベントに参加することをお勧めします。

活動のレベル 1

1. 水辺用のフィールドノートをつくろう

対象	小学生～大人	季節	通年	時間	1時間	人数	10人／リーダー

濡れても字や絵のかけるフィールドノートを作成します。実際の活動の場で、スケッチや観察メモをかくために使うことができます。

準備するもの

白いプラスチック下敷き
カッター
はさみ
穴開けパンチ
ゴムひも
鉛筆
スチールたわし
鉛筆

手順

1 下敷きをカッターで4分の1の大きさに切り、4つ角をはさみで丸く切り取る（1枚をそのまま使ってもよい）

2 下敷きの両面をスチールたわしでこすり、面に細かい傷をつける

3 角に穴開けパンチで穴をあける

4 鉛筆にひもをつけ、下敷きに結ぶ

5 ゴムひもを輪にして結び、手首に通せるようにしてもいい

濡れても大丈夫なフィールドノートは、
海辺の活動に欠かせない

やってみよう 考えてみよう

プラスチック下敷きをスチールたわしでこすり、細かい傷をつけることで、鉛筆で文字や絵をかくことができるようになります。また、消しゴムで消すことができます（砂消しゴムがよい）。スノーケリングなどの際に水中で使うこともできます。

水辺の観察でスケッチや記録用に活用できるので、海辺のアクティビティの必需品です。

リーダーへのヒント

ノートの１辺に目盛りをつけておくと、観察時に生き物の大きさを測ることができます。

下敷きは硬いので、カッターを使用する際には十分注意しましょう。また、下敷きの切り口や角で手などを切らないよう気をつけ、角は忘れずに丸く切り取りましょう。

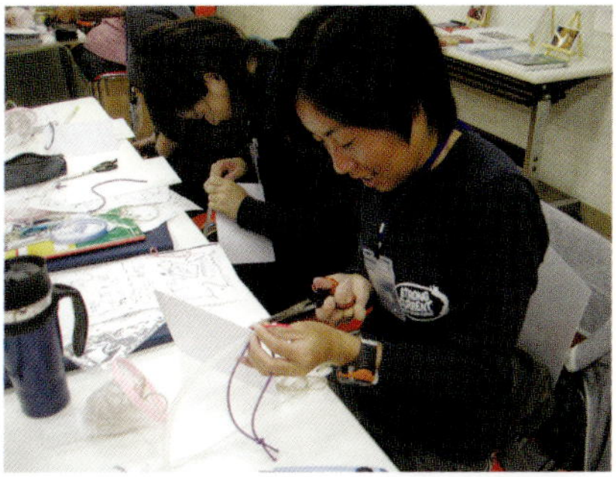
ハサミやカッターでけがをしないよう、慎重にね

鉛筆は短いほうが水中での扱いに便利

活動のレベル 1

2. プレイバックお絵描き

対象	小学生～大人	季節	通年	時間	30分	人数	15人／リーダー

海辺に漂着しているさまざまな「かけら」が、そこに漂着する前はどんな様子だったのか想像してみましょう。たとえば生き物の「かけら」なら、生きているときはどんな姿で、どんな場所で暮らしていたのでしょう。陶器のかけらなら、どんな人が何に使っていたのでしょう。

漂着する以前の状態を想像して絵を描いてみます。漂着物をよく観察して、想像をふくらませることが大事です。この活動は、ビーチコーミングのあとのアクティビティとして活用できます。

準備するもの

ビーチコーミングで拾った「かけら」
クレヨン
色鉛筆
画用紙

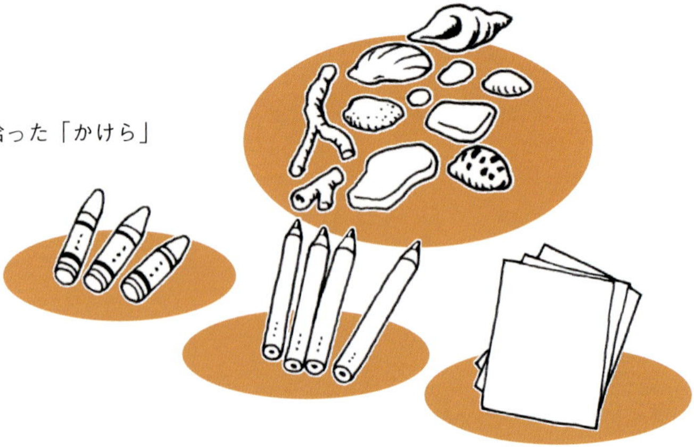

手順

1 ビーチコーミングで見つけた、「かけら」を1つ用意する
2 想像力を働かせて、その「かけら」の過去の様子、海岸に流れ着く前の様子を絵にする
3 かけらと絵を見せながら発表する

やってみよう　考えてみよう

絵を描くときは、「かけら」の様子がよりわかりやすくなるように、その周囲の環境なども描いてみましょう。自分が拾った「かけら」を、ほかの人のものと交換して絵を描いても面白いでしょう。自分が想像していたものと違う見方を楽しむことができます。

リーダーへのヒント

屋外の活動として取り入れるときには、クジラや大型の動物の骨などを用意し、砂浜に実物大の「プレイバックお絵描き」をしてみましょう。

「かけら」にはどんな過去があるのだろう

コラム

潮の香りを持ち帰ろう

波打ち際を散歩していると、波に洗われたビーチグラスやサンゴのかけら、模様のきれいな貝殻や石などが、まるで宝石のように落ちているのを目にするでしょう。思わず拾い集めてしまうことも多いですね。

そうして集めたものを、みなさんはどうしていますか。真っ白なサンゴなどは持ち帰ってお気に入りの器に入れておくだけでも、おしゃれなインテリアになります。もうひとひねりのアイデアをいくつか紹介します（86ページにはフォトフレームも紹介しています）。

・マグネット

貝殻、石、ビーチグラスをじっくり見て、どの面を表にするか決めます。裏面にエポキシ樹脂系の接着剤でマグネットを固定すればできあがりです。

・ペーパーウェイト

大きめの石をじっくりと見て、表裏を決めます。模様がきれいなほうを表、または平らなほうを裏にするといいでしょう。アクリル絵の具でペイントすると、またおもしろいものができます。

・ランプシェード

調理用のボールを伏せ、外側に薄くサラダ油を塗ります。その上に貝殻やビーチグラスを置き、お互いを接着剤ではりつけます。完全に乾いたらボールから外し、ろうそくをつけた上にかぶせます。貝殻を通してやわらかい光が、部屋を包みます。

・ジェルキャンドル

透明なキャンドルには、ビーチグラスや貝殻がとてもよく合います。市販のジェルワックスと貝殻を、何回かに分けてグラスに注ぎ、固めながら作業すると、完成したときに貝殻が浮いて見え、とてもきれいです。

活動のレベル 1

3. 海藻押し葉づくり

対象	小学生〜大人	季節	冬〜春	時間	2時間	人数	10人／リーダー

海岸に漂着した海藻を拾い集めて、海藻押し葉をつくります。色や形のさまざまな海藻に触れることで、海藻の多様性に気づきます。

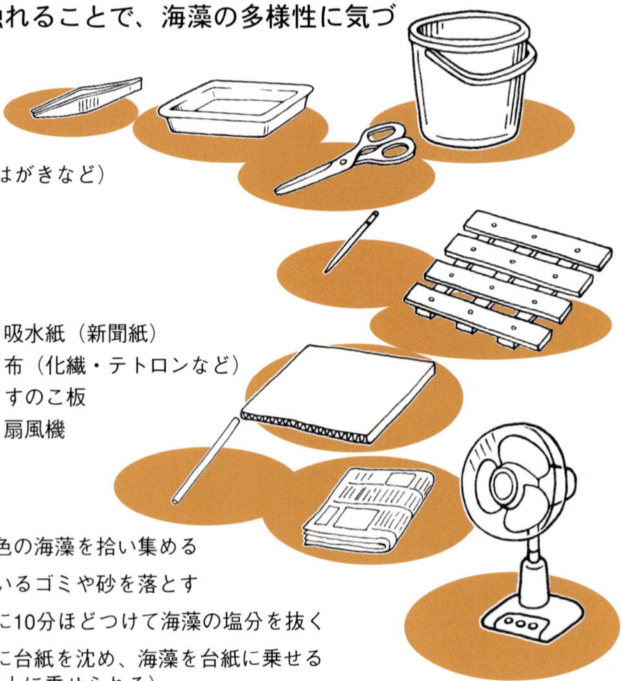

準備するもの

台紙（ケント紙、画用紙、はがきなど）
バケツ
バット
ピンセット、つまようじ
はさみ
ストロー（海藻の型抜き）
ダンボール紙（板）
吸水紙（新聞紙）
布（化繊・テトロンなど）
すのこ板
扇風機

手順

1 海岸でいろいろな形や色の海藻を拾い集める
2 海藻を洗い、付着しているゴミや砂を落とす
3 水道水を入れたバケツに10分ほどつけて海藻の塩分を抜く
4 水道水を張ったバットに台紙を沈め、海藻を台紙に乗せる（硬い海藻は直接台紙の上に乗せられる）
5 台紙の上で海藻を広げて形を整える
6 形が崩れないように、台紙ごとゆっくりと水から上げる
7 斜めに置いたすのこ板に6を置き、水を切る（5分程度）
8 ダンボール紙、吸水紙、海藻の乗った台紙、布、吸水紙、ダンボール紙の順で挿む
9 ダンボール紙の目をそろえ、みんなの分を重ねる
10 ダンボール紙の穴に向かって、扇風機で風を送り乾燥させる

やってみよう 考えてみよう

さまざまな形や色のものを組み合わせてアートとして楽しみましょう。形を整えるためには、はさみやピンセットを使います。ストローなど型抜きを使っても楽しいです。

数種類の標本をつくってもおもしろいでしょう。この場合は、採集した年月日と採集場所、採集した人をメモしておきます。

リーダーへのヒント

夏〜秋は海藻の衰退期で海藻が少ないため、あまり活動には向きません。室内プログラム用に海藻を冷凍しておけば一年中実施できます。

多くの海藻が、自身の糊成分で台紙にくっつきますが、糊成分が少なければ接着剤で補強します。仕上がったものは、ラミネートすれば持ち歩きに便利で、色彩が長持ちします。

海中での海藻の採集は、ワカメやヒジキなど漁業権が発生する種類もあり、トラブルの元となります。漂着収集したもので実施してください。

海藻押し葉づくりはアートです。楽しみながらトライしましょう

活動のレベル 1

4. ビーチクラフト~なぎさのフォトフレームづくり~

対象	幼児～大人	季節	通年	時間	1.5時間	人数	10人／リーダー

海岸には、貝殻やビーチグラス、海藻、流木など楽しいものがたくさん落ちています。海辺の活動の記念に、すてきなオリジナルインテリアをつくりましょう。工夫次第でいろいろなものができ、リサイクルにもつながります。

準備するもの

海辺で拾った貝殻、石、ビーチグラスなど
フォトフレーム
木工ボンド
ピンセット
はさみ
敷物（ブルーシートなど）

手順

1 素材のごみや汚れなどを取り、大きさを調整する
2 フォトフレームに素材をレイアウトしてみる
3 素材のレイアウトが決まったらボンドで貼りつける
4 品評会でコメントしあい、各人の感性と素材の魅力を共有する

どれを使おうかな

全体のバランスを見ながらよく考えよう

オリジナルのフォトフレーム完成！

やってみよう 考えてみよう

なぎさに漂着したさまざまな収集物の由来を想像したり、貝殻などの名前を調べて海の環境と生物の面白さを考えましょう。

作品に表れる各人の感性の面白さを共有することで、お互い思わぬ人柄の発見になったりします。

リーダーへのヒント

集めたものは真水でよく洗い、乾燥させてから作業をしてください。

時間があれば、フォトフレームはダンボールや板、流木などで自作するのもいいでしょう。

作業中も、収集物の説明をします。また、「これは何だったのだろうね」など、拾ったものに対して想像力を膨らませるきっかけづくりをしましょう。

第 2 章　海辺のリスク管理

危険マップ

消波ブロック
滑りやすく、落ちたときに隙間に吸い込まれる危険がある
桟橋
波がかかっていて滑りやすく、高さがあるので転落には十分注意する。なお、防波堤には乗らないようにしたい
岩場
岩に着生した海藻で滑りやすい。また、岩に付着しているフジツボやカキでケガをしないように注意。さらに、干潮時に活動を始めると、潮が満ちてくるので水没や孤立にも気をつけよう

航路
漁船などの船舶からは、小さいボートや遊泳者は発見しにくい。近づかないようにしよう
一発波
群れをなして押し寄せてくる波（セット）の中に、ひときわ大きな波がある。波の周期を観察しておくこと
リップカレント
岸から沖へ流れている潮。乗ってしまったら、流れと逆に泳ぐよりも、岸と平行に泳ぎ、潮の帯から抜け出すこと
ダンパー波
急に海底が浅くなるなどの原因で、一気に立ち上がり真下に向かって崩れる波。この波の立つ場所では遊泳しないこと
河口
川が流れ込むことにより、リップカレント、下降流が発生しやすい。また、淡水と海水では浮力が違う。ライフジャケットの着用は不可欠
落石
海辺の断崖は波による侵食で崩れやすくなっている。落石の危険は絶えずあると考えよう

海辺のリスク

海は「危険だ！」との認識から、子どもたちの遊びの場としては、これまで敬遠されてきました。しかし、事前に十分な準備をすることによって、危険は避けることができ、また対処することができます。

1. 熱中症

高温多湿の環境に長時間いることで起こる、体温・体液の障害をまとめて熱中症といいます。発熱、発汗、けいれんや意識障害の程度によって日射病、熱けいれん、熱疲労、熱失神があります。曇っていても起こりうるので、注意が必要です。

予防法 帽子の着用、水分の補給、時々涼しい所で休憩をとることが重要です。お茶や水よりも、スポーツドリンクのように塩分を含んだ飲み物を用意しておくとよいでしょう。

対処法 頭重感、めまいなど初期症状が出たら要注意です。涼しい所で衣服を楽にして寝かせ、水分の補給を行います。

2. 冷え

熱中症と逆に、体温の低下にも注意が必要です。水中での活動はもちろん、水に入らないつもりでいても、楽しさに夢中になるうちに服が濡れ、体温が奪われることもあります。

予防法 気温が低く肌寒い日は、水際にはあまり近づかない場所でプログラムを展開しましょう。

対処法 濡れた参加者に震えがきたら、乾いたタオルでよく体をふき、着がえて体を温めます。

3. 日焼け

大したことはないと思うかもしれませんが、重症になると水ぶくれや皮膚が剥離する「やけど」になってしまいます。

予防法 必ず帽子をかぶり、日焼け止めのクリームを使ったり薄手で袖のある服を着ましょう。特に、泳ぐ場合には肩、背中、ふくらはぎなど、腹ばいの姿勢で日に当たる部分に日焼け止めを塗っておくことも重要です。ウェットスーツやTシャツを着るのもいいでしょう。

対処法 冷たい水でよく冷やすことが重要です。日焼け後に使う市販のローションなども、効果が期待できます。

4. 擦り傷・切り傷

海岸では、岩や貝、珊瑚、ガラスなどで、特に足にけがをすることがよくあります。海岸でのけがは雑菌が多く、化膿しやすく、治りにくいものです。

予防法 岩場ではマリンブーツなどつま先やかかとの出ない、底の厚い履物を履いてください。岩場を散策する場合は、できれば軍手も用意するといいでしょう。海洋生物保護の観点からも足を置く場所、手を着く場所をよく見て、うっかり生き物を踏んだり触ったりすることのないように気をつけましょう。

対処法 けがをしてしまったら、きれいな真水でよく洗います。その後、症状に応じて近くの医療機関を受診しましょう。

5. 溺水（溺れ）

溺れというと、海の深い場所をイメージしますが、意外と浅いところでも起こります。たとえ足がつく場所であっても、転んでパニックになれば溺れてしまいます。

予防法 絶対に1人では水に近づかないことが大切です。滑ったりして水に浸かっても、落ち着いて行動しましょう。

対処法 もしも溺れた場合は、たとえ意識が戻ったとしても、すぐに近くの医療機関を受診しましょう。海水が肺に入った場合、直後は回復して元気になっても、時間がたってから肺水腫を起こし、呼吸不全になることがあります。

6. 海洋生物

ほとんどの海洋生物は、何もしないのに襲ってくることはありません。しかし、知らずにテリトリーに入ったり、ちょっかいを出したりすると攻撃されることもあります。自然の世界におじゃましてそっと見させてもらっている、という気持ちを忘れずに行動することが重要です。

7. 医療機関への受診

上記のいろいろなけがや病気の際、重症だと思ったり、判断できないときは、迷わず医療機関を受診しましょう。

小笠原村診療所所長　越村勲

しっかり準備で安全に

危険を理解し、備えることで事故ゼロを目指しましょう。海辺にはリスクが多くあるので、リーダーと参加者が協力しなければ、安全は得られません。リーダーが安全に十分配慮するとともに、参加者も自分自身で安全を確保する意識をもたなければなりません。

1. リスクを知る

リーダーとしてはもちろん、子どもの保護者としても、前頁で述べた、海辺の危険を理解する必要があります。下見や情報収集で今回の活動には、どのようなリスクがあるかをリストアップしましょう。

調べたリスクを、リーダーが注意すべき点と参加者が注意すべき点に整理します。

2.「自己責任」

整理した、「参加者が注意すべき点」を参加者に伝えます。自己責任の話をする際に大切なのは、危険のありかを知らせることです。

事実をきちんと伝え、どんなときに危険な目に遭うのか、どうすればその危険から身を守れるのか、さらに「自分の身の安全は自分で守る」心構えが大切であることを話します。

3. 救助計画

プログラムを実施するフィールドで、もしも事故が起こったら、救急車はどこまで来るのか、そこへはどうやって運ぶのか、携帯電話は使えるのかをあらかじめ確認しておきます。さらに、携帯電話が使えない場合、119番通報はどこからするかなどについても調べ、救助計画を用意しておきます。

コラム

リスクをふまえた活動

フィールドのすべての危険を取り除くことはできないので、活動にはある程度の危険は伴います。しっかり準備するとともに、気分が悪くなったときの対応や救急処置、心肺蘇生法など、正しい知識と技術を身につけましょう。各地の消防署などで講習をしているので、積極的に参加してください。

また、毒をもつ生物や、それらに刺されたときの対処法など、図鑑やインターネットなどで情報を得ておくことも大切です。

実施中の安全管理

リーダーは常に人数確認をすることを忘れてはいけません。参加している人たちにペアを組ませることで、お互いを確認することができるようになります。

リーダーが活動に一所懸命になると、全体が見えなくなってしまうことがあります。リーダー以外にも経験者がいるときには、みんなから一歩下がって、全体の危険防止に目を光らせる安全管理要員をつくりましょう。

1. 参加者の安全管理

海辺の自然体験活動においては、リーダー以外にも安全管理とレスキューができる経験者がいるといいでしょう。ビーチコーミングや磯の観察など、海岸の活動であっても、滑って転ぶケースや波にのまれることを想定しなければなりません。

2. リーダーの自己管理

リーダーが、睡眠不足などで疲労がたまった状態では、十分な安全が確保できません。準備段階から、余裕をもったスケジューリングをするとともに、食事はきちんととり、十分な体力を確保するように心がけましょう。

3. リーダーに事故が発生！

活動中に、リーダー自身が事故に遭ったときの対応も、決めておきましょう。可能であれば、バックアップになるサブリーダーや安全管理要員を決めておくと、事故に遭ったリーダーの救護と、参加者の安全をより確実に確保できます。

もしものときに

事故の際の救助者の初動は、被害を最小限におさえるとともに、被害者の人命を左右します。救助者は次の点に十分気をつけましょう。

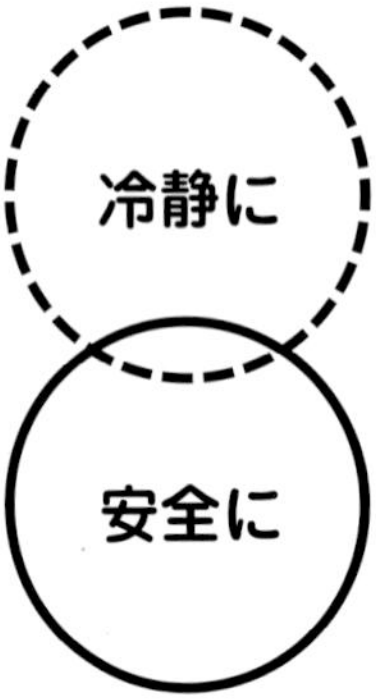

冷静に　事故に遭ってあわててしまうと、適正な判断ができず、被害を拡大させる恐れがあります。冷静になることが大切です。

安全に　救助者は、どうしても事故当事者に目を奪われがちです。そのため、自分を含むそのほかの人の安全をかえりみないという罠に陥ることもあります。これは、二次災害を引き起こす可能性のある危険な行動です。自分と事故に遭っていない参加者の安全管理を徹底してから、救助に向かう必要があります。

コラム　事故状況の記録

事故の記録は、保険の手続きに必要となります。また、法的責任を問われた場合にも、提出が求められます。そのような事態にならなくても、事故を教訓にし、今後の対策資料とするためにも必ず記録しましょう。

記録には、いつ、だれが、どこで、何をして事故が起きたか、事故にどのような対応をしたか、どこの医療機関にかかったか、どんな結果であったかをできるだけ詳しく記載しましょう。

さらに、なぜ防げなかったのか、再発防止のための対策などもまとめておくと、今後に生かすことができるでしょう。

●記録に必要な項目
事故が起こった日時
事故が起こった場所
被害者の氏名、年齢、性別、住所、職業
事故の状況
事故の原因
事故発生後の措置

■事故への対応

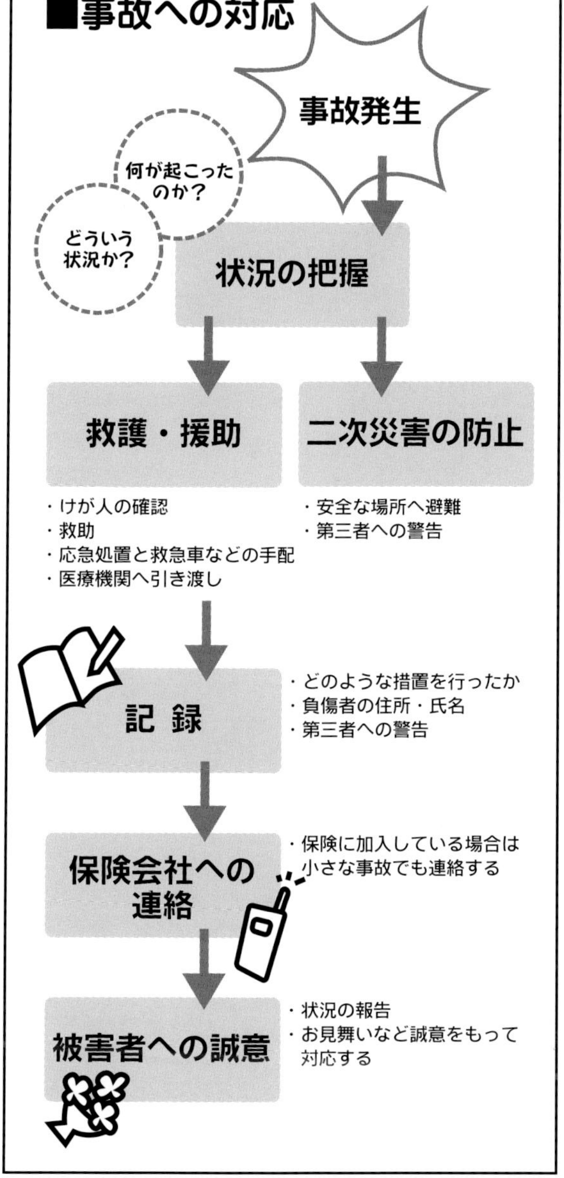

事故発生
何が起こったのか？
どういう状況か？
状況の把握
救護・援助
・けが人の確認
・救助
・応急処置と救急車などの手配
・医療機関へ引き渡し
二次災害の防止
・安全な場所へ避難
・第三者への警告
記 録
・どのような措置を行ったか
・負傷者の住所・氏名
・第三者への警告
保険会社への連絡
・保険に加入している場合は小さな事故でも連絡する
被害者への誠意
・状況の報告
・お見舞いなど誠意をもって対応する

＊現状の把握
何が起こったのか、事故者が何名いるのかといった、全体の状況を迅速かつ正確に把握し、適切に判断します。

＊救助方法の検討
救助の方法を検討し、自分だけで可能かどうかを判断します。不可能だと思ったら協力者を得なければなりません。協力者が近くにいないときには、連絡の手段の検討もします。

＊応急処置
傷病者には、状況に応じて患部の止血や固定、CPR（心肺蘇生法）を行います。

＊医療機関に伝える情報
事故者を医療機関へ渡す際には、事故の状況とともに事故者の情報（体質や病歴など）を伝えましょう。

＊警察に連絡
事故が大きかった場合には、警察への連絡が必要になります。

CPR

救急蘇生法とは、疾病や外傷によって突然、意識障害、呼吸停止、心停止、もしくはこれに近い状態になったとき、または、大出血により生命の危機に陥った傷病者を救命するために行われる救命手当のことです。救急蘇生法には、心肺蘇生法(CPR；Cardio Pulmonary Resuscitation)と止血法が含まれます。

海辺の活動では、溺れによる意識不明や呼吸停止、心臓停止が起こることがあります。ついさっきまで健康に活動をしていた参加者は、すぐに手当てをすることで、回復の見込みが増します。そこで、ここでは、CPRのABCを紹介します。なお、CPRには、Aから始まってＩに至るまでの治療手段がありますが、医師の資格をもたない一般市民のできる範囲のCPRは、AからCまでです。

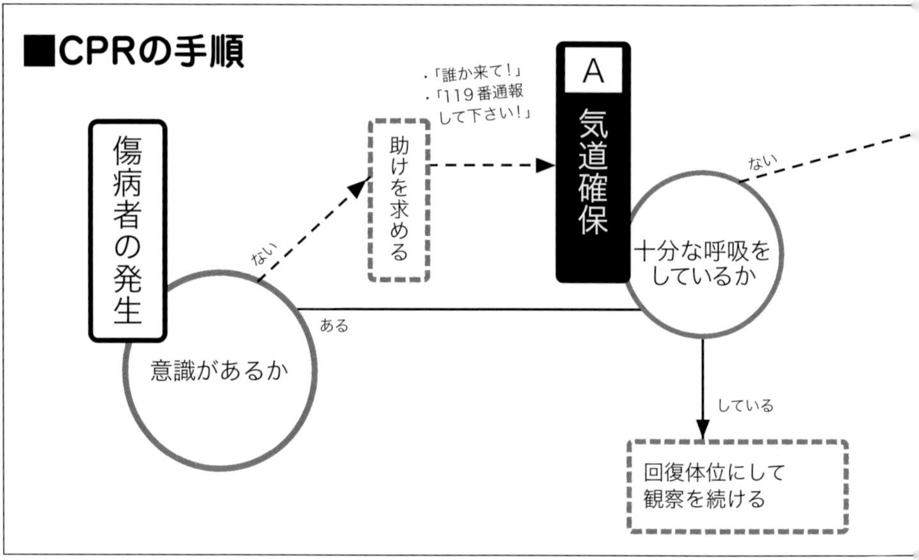

観察 意識の確認

傷病者の耳元で、「もしもし」、「大丈夫ですか」、と問いかけながら肩をたたきます。呼びかけに対する反応（開眼、応答など）がなければ、意識障害を起こしていると考えられます。

手当 Air Way Open：気道確保（頭部後屈あご先挙上法）

意識のない人は、筋肉が弛緩して舌根が沈下し、気道をふさぐので呼吸ができなくなります。そのため、人為的に気道を開放する必要があります。

一般的な気道確保の方法は、図１のように片方の手を傷病者の額から頭に置き、もう片方の手の人差し指と中指であご先を持ち上げます。

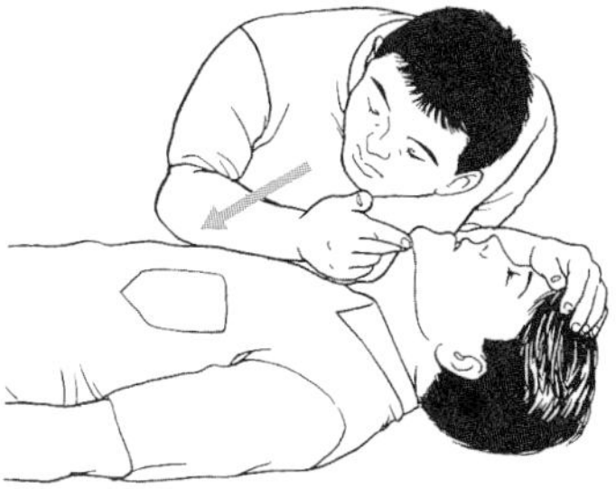

図１ 頭部後屈あご先挙上法

観察 呼吸の確認

気道を確保したあと、10秒かけて呼吸の確認をします。胸の動きは十分か、呼吸音がはっきり聞こえるか、ほほに息を感じるかを「見て」「聞いて」「感じ」ます。

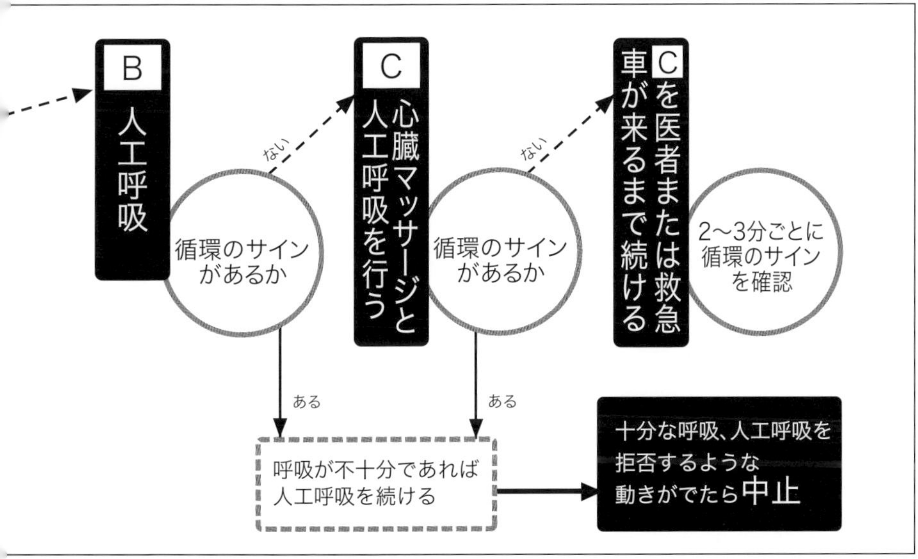
B
人工呼吸
循環のサインがあるか
ない
ある
C
心臓マッサージと人工呼吸を行う
循環のサインがあるか
ない
ある
C
Cを医者または救急車が来るまで続ける
2〜3分ごとに循環のサインを確認
呼吸が不十分であれば人工呼吸を続ける
十分な呼吸、人工呼吸を拒否するような動きがでたら中止

手当 Breathing：人工呼吸（呼気吹き込み）

呼吸が停止している場合、または呼吸回数が少ないなど、呼吸が困難な場合には、直ちに人工呼吸が必要となります。

気道を確保した体勢で、額に当てた手の親指と人差し指で小鼻をつまんでしっかりとふさぎます。大きく息を吸い込んでから、傷病者の口を完全に覆うようにして息を吹き込みます。胸が軽く膨らむ程度の量を2秒間かけて吹き込み、5秒に1回の速さで行います。

観察 循環の確認

心臓が動いて、血液が循環しているかを確認します。人工呼吸で最初の吹き込みを行った後、10秒以内に循環のサインを観察します。いままで行われていた「頚動脈の脈拍の触知」は、一般市民にとって難しいため、循環のサインに変更されました。

循環のサイン
(1)呼吸を感じるか
(2)咳をするか
(3)体動が見られるか

コラム CPRの必要性

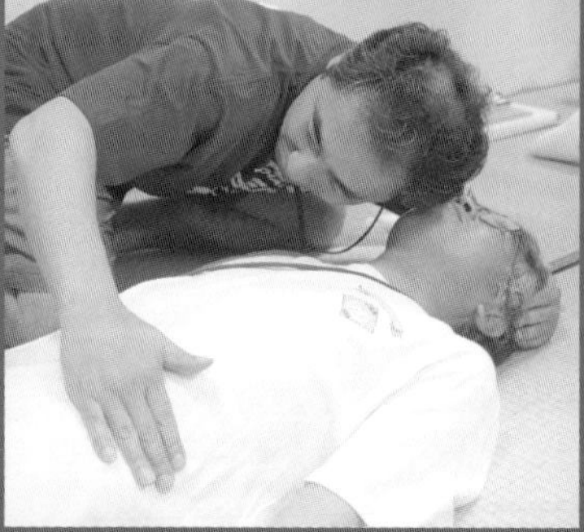

呼吸や心臓が停止した傷病者に対し、いかに早くCPRを開始するかで、傷病者の予後に大きく影響します。特に、脳は大量の酸素を必要とする組織で、ほんの一瞬でも脳に血液が送られないと酸素が不足し、重大な障害を起こします。その上、脳細胞は一度破壊されると二度と再生されないので、脳を基準にした蘇生率では、呼吸停止後2分で50%とも言われています。

人工呼吸は、傷病者の肺の中に、他動的（人工的）に空気を入れ呼出させることが

手当 Circulation：心臓マッサージ

循環のサインがない場合には、心停止と判断して直ちに心臓マッサージを行います。

圧迫する場所は胸骨の下半分で、図2のように人差し指と中指を肋骨縁に沿って移動させ、中指が切痕（肋骨と剣状突起が合わさる部分）に達したときに、人差し指の頭側にもう一方の手を置いた場所です。両手の指が胸部を強く圧迫しないように、また、剣状突起部を圧迫しないように注意してください。

背筋を伸ばした姿勢を保ち、傷病者の顔色を注視しながら行います。肘を曲げずに体重を利用して、毎分100回の速さで胸骨が3.5〜5cm下方に圧迫されるようにします。

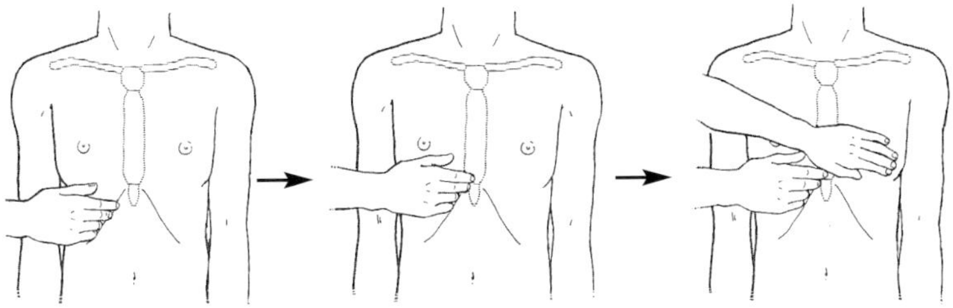

図2 心臓マッサージの手を置く位置の見つけ方

基本原理です。普通、傷病者の呼吸が停止しても、心臓はしばらくの間は弱々しくとも働いています。心臓が働き、循環が行われている間は、各組織で酸素を取り入れ、二酸化炭素を排出するというガス交換が行われています。このとき、人工呼吸により酸素を肺に供給すれば、各組織のガス交換は維持し、蘇生のチャンスがあります。

心臓停止の傷病者に人工呼吸だけしても、血液循環が行われなければ各組織への酸素の補給は絶たれてしまいます。そこで、心臓マッサージで胸骨を圧迫してポンプ運動をさせ、血液を循環させるのです。

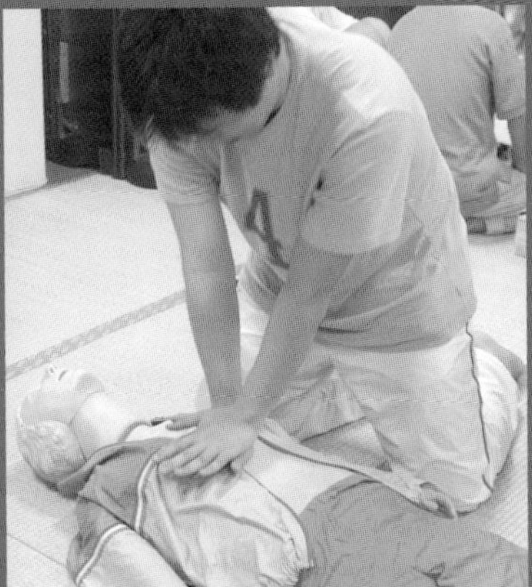

海のマナーとルール

海辺で自然体験活動を行う場合には、海辺の利用のマナーやルールを理解する必要があります。ルール違反（ときには犯罪）をしないようにするのは当然のこととして、地元の人を尊重するように、マナーも大切にしていく必要があります。そこで、ここでは海辺の利用のマナー（遵守事項）とルール（法令）について、簡単に紹介します。

1. 海辺の利用のマナー

海辺を利用している地元の人々は、海辺の利用に対するいろいろな取り決めや、独自のマナーをもっている場合があります。たとえば資源の保護の観点から、漁師の間ではウェットスーツの着用を禁止する取り決めを行っている地域も多いようです。このような地域で、ウェットスーツの着用を禁止する法令が存在しないという理由で、勝手にウェットスーツを着て素潜りをすれば、当然トラブルとなります。地元の取り決めやマナーを尊重する姿勢が重要です。

■ マナーを重視した活動を

海水浴場で、ビーチコーミングなどのアクティビティを行う場合は、海辺利用の取り決めについてはそれほど厳しくないでしょう。しかし、磯や干潟では資源の管理などの理由から、さまざまな取り決めが多くあります。

特に、大人数で磯の観察を行うときには、漁業者からすると密漁と誤認されることもあり、トラブルを招くこともあります。

2. 海辺の利用のルール

海辺で自然体験活動を行う場合、海辺の生き物を採取して容器に入れたり、ときには持ち帰ったりすることもあるかと思います。このような場合は、海辺の生き物の採取に関する法令を知っておかないと、知らず知らずのうちに犯罪を犯すことにもなりかねません。海辺の楽しい活動が原因で、地元の漁師に怒られたり、ましてや警察のお世話になっては大変です。

海辺の生物採取に関しての法律として代表的なものは「漁業法」や「水産資源保護法」です。これらの法律はなぜあるのでしょうか。それは私たちの食卓にのぼる「海の幸」をみんなが勝手に獲ってしまっては、たちまち「乱獲」になり、豊かな海辺の資源が失われてしまうからです。

海の生物は、石油資源などの鉱物資源と違って、再生産力をもちます。ですから、その資源をうまく管理し利用していけば、永続的に利用可能な資源なのです。

漁業法や水産資源保護法では、水産資源の保護を図りつつ適切に管理し、漁業生産力を発展させることが法律の目指すところとなります。

漁業法や水産資源保護法の中で、海辺の自然体験活動と関係するのは、漁業法第2章で規定される「漁業権」の制度と、漁業法および水産資源保護法に基づき制定される「都道府県漁業調整規則」になります。

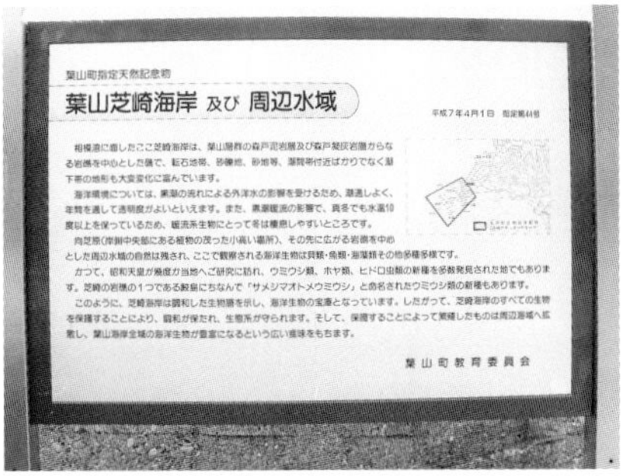

■ 都道府県漁業調整規則

人間の食料として有用な魚貝類を、資源保護を図りつつ、持続的かつ合理的に利用できるようにさまざまな規則を定めたのが、都道府県漁業調整規則です。その内容は、各都道府県ごとに異なっています。内容を知りたい場合は各都道府県のホームページを調べたり、水産部局に問い合わせてみましょう。

水産庁がモデル例を示しているので、漁業調整規則の基本的な構成は一致しています。

たとえば、

- 産卵場所や稚魚の生育場所などでの採捕禁止
- 産卵時期などの採捕禁止
- 小さな魚貝類の採捕禁止
- 水中銃など乱獲につながる効率漁法の禁止
- 漁場保全のための岩礁破砕等の禁止
- 遊漁者が使うことのできる漁具・漁法の制限（手釣り・竿釣り、たも網、くまでなどに限定されている場合が多い）

などについて規定されていて、これに違反すると犯罪となり、懲役や罰金などが科されることとなります。

■ 漁業権

漁業権は、海辺の入会的権利に起源を有していて、地元の漁民集団にその地先海面の管理をまかせる、つまり「磯は地つき沖は入会」という昔からの考え方に基づいたものです。地元漁民による地先海面の自主管理を目的として、漁業行使に関する独占排他的権利が認められています。

漁業権の中で海辺の自然体験活動に関係するのは、ほとんどが第一種共同漁業権です。第一種共同漁業権とは、ヒジキ、テングサ、ワカメといった海藻、アワビ、サザエ等の貝類、その他イセエビ、タコ、ナマコ、ウニなど農林水産大臣が指定する定着性の動物を、地元漁民に独占排他的に採捕させる権利です。

一般の人たちが漁業権者の同意なしにこれらのものを採捕すると、漁業権侵害として告訴される可能性があります（20万円以下の罰金）。たとえばウニの観察を行うつもりで、これを採捕すれば漁業権侵害となることもあるのです。ヒジキやワカメも、むやみにとると漁業権侵害として告訴されることもありえます。特に解禁前は漁業権者ですらこれらをとっていないので、これらをとることは絶対に避けなければなりません。

したがって、第一種共同漁業権の対象となっている生物を採捕しなければならない場合は、あらかじめ漁業権者の了解をとっておく必要があるでしょう。

3. マナーとルール

以上の点をふまえてフィールドマナーを守り、楽しく活動ができるようにしましょう。また、採取したものは海に返すことを心がけましょう。

砂浜

砂浜のなかには、貝類の漁場だったり、海藻を採集する場所だったりすることもあるので、注意書きなどに注意して活動しましょう。

干潟

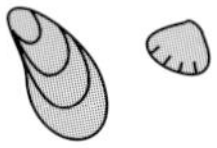

海を浄化している干潟には、貴重な生き物が生息しています。埋め立てによって干潟が失われたこともあり、現存する干潟は研究や保護の対象になっている場合が多くあります。

磯

場所によっては、スノーケリングによる磯荒らしの多いところがあり、漁業者や漁協に密漁と間違えられることがあります。参加者が多い場合には誤解される恐れもあります。また、「解禁日」「禁止区域」「禁止期間」「ウェットスーツ着用禁止」などの注意書きが現場にあるときは尊重しましょう。

なお海辺には、相模湾の天神島や芝崎海岸など、天然記念物に指定されている場所もあります。これらの場所では、天然記念物の保全のためのルールが別に定められているので、これを守ることも必要となります。

また、高級魚貝類の分布域や、希少な生物の生息する場所での自然体験活動には、特に漁業関係法令違反に対する注意が必要で、マナーやルールに対するよりいっそうの注意が求められます。したがって、フィールドの下見とともに、地元市町村や地元の市民団体などに、地元のマナーやルールについて教えてもらい、漁業権者たる漁業協同組合に了承を得るなど、事前の調整をすることも重要です。

海とみなとの相談窓口

フリーダイヤル　おーいに　よくなれ　みなと
0120-497-370

受付時間　9：00～12：00と13：00～17：00（土・日・祝祭日を除く）
＊一部の地域を除きます。

専用ホームページ
http://www.mlit.go.jp/kowan/soudan/soudan.html

対応する相談内容：●海やみなとの利用に関する相談　●海やみなとでの自然体験、環境学習に関する相談　●「総合的な学習の時間」に関する相談　●その他海とみなとに関する相談など

第３章　海辺の準備から評価まで

海辺の自然体験を、友人や知人などとみんなで楽しみたい。ということで、さっそく仲間を集め、すぐ海へ！　でも、その前にすることがあります。それは、計画を立てることです。実行の前に計画を立てるのは当たり前のことですが、海辺での活動は自然を相手にすることなので、天候の急変や不慮の事態によって、アクティビティが実行できないこともあります。そんなときにあわてないためにも、ここでは実際に自然体験活動をするときのポイントや注意点を、リーダーの視点で紹介します。

Step 1　検討

活動のねらいや、日程、フィールド、役割分担などを大まかに決めます。

Step 2　計画

活動が実行できるように、Step 1の内容を計画として組み立てます。

Step 3　調整

交通手段や持ち物などの手配を行い、無理のないように計画の調整をします。

Step 4　実行

常に参加者に目を配り、「参加してよかった」とみんなが満足するように、しっかりと落ち着いて実行します。

Step 5　評価

活動が終わったら、全体を客観的にふりかえり、評価をして反省点を次回に生かせるようにします。

Step 1 検討

計画を立てるときは、まず、活動のねらいを明確にします。そのねらいに合致するよう、実施しようとしているメインの事柄、参加する人のレベルや時期、フィールドを検討します。

■ ねらい

活動を通じて参加する人に伝えたいこと、学んでほしいことを、できるだけ具体的に考えたもの、これが「ねらい」です。くれぐれも、アクティビティを順にこなすだけの、ねらいのない活動にならないよう注意しましょう。

■ 日程

海での活動の場合、開催日の設定をもっとも左右するのは潮の満ち引きだと言っても過言ではありません。潮汐表（33ページ）をよく調べて設定しましょう。

実施場所周辺での行事の有無を調べることも重要です。行事によっては、活動に取り入れることが可能なものや、逆に妨げとなるものもあるからです。

■ フィールド

自分の経験と地域の特徴などを元に、選択可能なフィールドをリストアップしてみましょう。その中から、設定したねらいを達成するのにもっとも適したフィールドを選ぶことが大切です。その際、荒天時の対応も視野に入れることを忘れずに。

選択したフィールドごとに、基地（荷物置き場）をどこにするか考えます。平地でタープが張れることに加え、荷物の運搬のしやすさや、トイレの場所も考えて選びましょう。必要に応じて、シャワーが使えるかどうかも検討してください。

■ 役割分担

一緒に行く人たちに、サブリーダー、安全管理要員（経験のある人）など、必要な役割を担当してもらえるかどうかを検討します。

キャラクターコラム

自然体験活動をするときに、きちんとした計画を立てなければダメ？

計画を立てると、それぞれのアクティビティについてはもちろん、全体が見えるので、時間や内容の流れがつかみやすくなるんだよ。

計画を立てるのに慣れてくると、いくつかのポイントに、いろいろな可能性を広げることができるようになるのね。

そうすることで、「もしかしたら起こるかもしれない」不慮の事故も予測できるし、「あれを持ってくればよかった」といった後悔も減らせるんだ。

同じフィールドを使って、違う活動をするときには、前回の計画が参考になる。
フィールドの特徴もわかっているし、前回の反省でわかった注意点を書き込んでおけば、とても便利なものになる。それだけでなく、経験が加わって内容的にも充実するぞ。

Step 2 計画

検討を終えたら、計画全体を組み立てます。Step 1 での検討を押えながら、アクティビティを具体的に何にするか選びます。「やってみよう・考えてみよう」を利用して、体験から参加者が何かに気づいたり、発見できるように計画が立てられれば最高です。

また、アクティビティをするときの参加者の気持ち、気づきをイメージして、それにどのようにかかわっていくかを考えておくこともリーダーの役割です。

計画は、参加者にマッチするよう、特に子どもや女性など、肉体的に弱い人に無理がないように組みましょう。

キャラクターコラム

活動の実施場所はどうやって選べばいいのかしら？

「そろそろ海が気持ちいい季節だな。今年は海水浴だけでなく、もう少し自然体験活動的なことをしてみようかな」と考えて計画をつくるときには、自分が何度も遊びにいったことのある場所を選ぶに限る。

活動中には、どんな話をすればいいんだろう？
なんか緊張しそう。

116ページでインタープリテーションの話をするけれど、自然体験活動は、いままで一般的に考えられてきた「教育」とは違うんだ。一番の相違点と言ってもいいのが、ガイド役のあり方。ガイド、ファシリテーター、インタープリターなどいろいろな呼び方があるけれど、「先生」と呼ばないのは、ガイドが「何でも知っていて教えてくれる人」という役割ではないからなんだ。

リーダーだからといって、自分が話すことを考えるよりも、「活動全体を通して話をするのは参加者だ」、と思っていてもいいくらいだ。

なるほど。自然体験活動について、
もっと勉強しないといけないな。

自然体験活動については、森や山の分野での研究が進んでいるから、ねらいの設定から計画のつくり方など、より深い知識の必要性を感じたときには、そちらの資料にあたるといいよ。

Step 3 調整

　できあがった計画をチェックし、必要があれば調整します。同時に、具体的な手配を進めていきます。たとえば、計画していた施設が確保できない場合は、日程の変更をしなければならないかもしれません。あるいは、アクティビティのみならず、フィールドの変更をしなければならないといった計画の見直しも必要になるでしょう。
　それぞれの項目について、特に注意すべき点、忘れやすい点について以下に述べます。

■ 参加者

　参加する人たちの、経験や性格、計画に関してのハンディの有無などを確認しましょう。また、参加者の持病やアレルギーも聞いてチェックしておくと、事故などで医療機関への引き渡しが生じたときも、スムーズにできます。

■ アクティビティ

　計画したアクティビティがただ楽しいだけの、ねらいからそれたものになっていないかをチェックします。アクティビティの終わりに、参加者がお互いに気づいたことや、発見したことをわかちあえる時間をとっていますか？
　うっかりすると、観察しようとしている生物が、場所や時期的に見られないこともあります。もう一度確認しましょう。

■ 持ち物

持参しなければいけないものが高価な場合、参加する人に大きな負担になることがあります。負担になっていないかをチェックし、レンタルが可能なものであれば、その手配をしましょう。

タープ、クーラーボックスなど、みんなで使うものは、分担を決めて手配をします。

■ 移動手段

現地での移動は、どのようにしますか。参加者の車を利用する場合は、車の持ち主にあらかじめ伝えておく必要があります。レンタカーを利用する場合は、手配をします。バスなどを使うときには、時刻表をチェックしましょう。

■ タイムスケジュール

活動全体が、時間的に無理がないかをチェックします。十分な余裕があるか、参加する人に合っているかどうかという視点で見直しましょう。

■ 集合場所

全員が集まるのに、十分な広さはありますか。また、実際に足を運び、わかりやすい場所かどうかを確認します。

■ 傷害保険

もしものときのために、保険に入ることも検討しましょう。活動の内容、危険度などに合っているものを選びます。

■ 役割分担

役割をもってもらった人には、活動の内容をよく理解してもらっているか、役割が負担になっていないかを確認します。水辺での活動なので、救急・救命の技術の習得（96ページ）は欠かせません。

Step 4 実行

いよいよ計画の実施当日です。もう一度、「活動を通して伝えたいこと」「参加するみんなとどういう時間をもちたいか」を、自分自身で確認しましょう。

気をつけなければならないのは、参加する人が体験を通して、自ら気づくことを大切にすることです。リーダーが伝えたい、学んでほしいと思っていることを、参加者に押しつけたり、自分の価値観に導くようなことのないように十分注意してください。

残念ながら、計画通りに行かないこともあるでしょう。しかし、「活動のすべてを、必ずやりとげる」ことが、ねらいではありません。そんなときでも臨機応変に対応しましょう。

リーダーとしては、参加者に体験を上手に促すことが大切です。具体的にどのような声かけをしたらいいかを考えましょう。さらに大切なことは、参加者の喜びの瞬間を見逃さないことです。タイミングよく、参加者の反応や気持ちを受け止めることができると、参加者の学びはとても印象深いものになります。

自然体験活動は、その名の通り「自然」が相手ですから、予想のつかないことの連続です。ハプニングさえも味方につけて参加者が楽しめるような体験活動を実施しましょう。

自然体験活動を成功させる4つの秘訣

1 準備はしっかりと
万全の準備は、
活動全体の落ち着きと
安心のもと。

2 計画を信じる
準備してきた計画を信じる。
自分が信じれば
参加しているみんなの
信頼度も大。

Step 5 評価

自然体験活動では、「計画通りにいった」ということはほとんどありません。なんらかのことで、変更や少しの失敗はあるものです。けれども、失敗をそのままにしておいては、同じ失敗を繰り返すことにもなりかねません。今回の経験を、必ず次の機会に生かすことが大切です。活動中に参加者の反応を敏感に感じ取り、より満足できる自然体験活動を目指しましょう。

その意味で、実施した活動を評価することは、とても大切です。また、参加者からの感想を聞くことで、自分では見えない部分についてのフィードバックを受けることができるでしょう。ねらいが達成できたかどうかをチェックすることで、活動の改善も的確に行えます。参加者が知り合いで親しくても、あえて感想のアンケートをとるのもいいでしょう。親しい間柄で言いにくいことでも、書いてもらうことで、評価のための重要な手がかりになります。

3 臨機応変に

活動中に、
計画が妥当でないと思ったら、
速やかに調整すべき。

4 信頼し受容する

思い切ってまかせることで、
参加者の学びを促し、
受容することで全体の
新しい発見につながる。

以上の手順に従うと、たとえば、こんな計画の組立ができます。

計画例

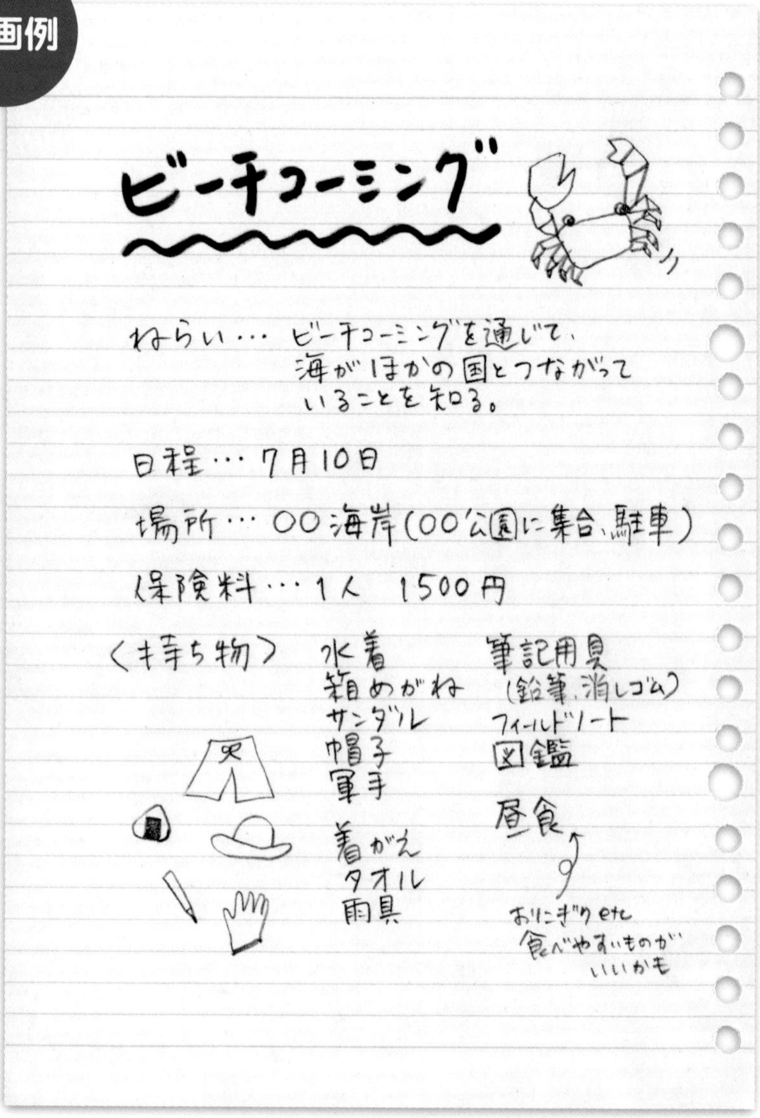
ビーチコーミング
ねらい… ビーチコーミングを通じて、
海がほかの国とつながって
いることを知る。
日程… 7月10日
場所… ○○海岸(○○公園に集合、駐車)
保険料… 1人 1500円
〈持ち物〉
水着
箱めがね
サンダル
帽子
軍手
着がえ
タオル
雨具
筆記用具
(鉛筆、消しゴム)
フィールドノート
図鑑
昼食
おにぎり etc
食べやすいものが
いいかも

schedule!

行動予定表

どっちも大切

（7:00　出発）
9:00　集合 ミ3
9:15　ねらい・注意点の説明、準備運動
9:45「どこから来たのかな」開始
12:00　ふりかえり、昼食
13:00「サンドキャンドルをつくろう」開始
15:00　ふりかえり、片づけ
16:00　終了
（18:30　帰宅）

その他注意点、メモ

◎ 救急箱、タープを忘れずに
◎ 満潮は 8:15AM
◎ 雨が降ったら、近くの〇〇博物館で"海の成り立ち"について学ぶ。

キャラクターコラム

インタープリテーションとインタープリター

「インタープリテーション」って初めて聞くわ。

そうだね。自然公園や博物館などの世界での業界用語みたいなものだから、普通にはあまり聞かないかもしれないね。インタープリテーションという言葉は英和辞典では、「通訳」や「翻訳」となっているんだ。自然体験活動の分野で言えば、「自然が発信しているメッセージを翻訳して伝えること」、あるいは「自然語の通訳」と言える。
いくらすばらしい自然に出かけて行っても、人によっては楽しみ方がわからなかったり、自然の不思議さに気づくことができない場合もある。だから、その場所に居合わせて、自然のメッセージを伝えてあげる役割の人、つまりインタープリターが必要なんだ。

先生や指導員とは違うイメージなのかな

インタープリターの場合、「教える」というよりは、「参加者自身が自分で感じたり気づいたりすることを助ける」というイメージなんだ。そのためには、単にお話をして情報を提供するだけじゃなくて、参加者が実際に体験することを大切にする必要がある。言葉だけではなく、目や鼻や耳に働きかけたり、自然科学やアートなど、いろいろなアプローチがあるといいね。それから、活動そのものが楽しいものであることも、とても大事なことなんだ。

楽しいことやわくわくすることって、知りたいって興味が湧くものね。

その通り。参加者自身が主体的になって、自分で発見することのほうが、教えてもらうよりずっと印象に残るからね。自然体験活動の中でインタープリターはけっして主役ではない。主役は参加者であり、自然だから。いいインタープリターは、自分自身が目立つのではなくて、自然の印象を引き立たせ、参加者が体験から得られる感動をより大きくしてあげる役割を果たすことなんだよ。

とてもすてきな役割だわ！

プロの計画と実践

ところで、広く参加者を募集して開かれる、プロフェッショナルな海辺の自然学校などは、どのようにして計画・実行されているのでしょうか。ここでは、実際の現場の活動を紹介しましょう。きっと、活動の参考になるはずです（実際に行われたプログラムに変更を加えて掲載しました。名称は架空のものです）。

ねらい：	子どもたちがお互いに交流を図りつつ、スノーケリングや無人島の探索を楽しむことを通して、海辺の生き物たちや自然の仕組みの面白さや不思議さ、大切さについて学ぶ。
実施主体：	＜主催＞ NPO法人　○○○研究会
協力：	○○市、県立海の博物館、水産研究大学実験実習場、スノーケルクラブ、山田博氏（水産研究大学助教授）、谷口愛氏（○○生物愛好会）ほか
期日：	8月10日～8月11日（1泊2日）
場所：	△△県○○市（○○海岸、○○公園、△△桟橋など）
宿泊場所：	○○荘
対象：	小学生（4～6年生）20名
参加費：	15,000円（交通費、食費等自己負担）
保険料：	1人1,500円
持ち物：	水筒・帽子・水着・サンダル・軍手・着替え・洗面用具・タオル・筆記用具・雨かっぱ（ポンチョ）
その他：	傷害保険・賠償保険は実施主体側で加入

基本的な注意点などは、これまで述べたものと同じですが、他団体との協力関係、スタッフ管理や参加者の募集など、「事業」的な要素が加わります。

ごく簡単にですが、新たに加わる注意点として重要なものを挙げます。

■ 参加者

申し込み用紙は、応募者のプロフィールが確認できるよう工夫してあります。また、活動内容や体制、責任については、パンフレットや事前説明会などで十分な事前説明をします。参加者には同意書を提出してもらう必要があります。

■ 調査・連絡・責任

現地の調査、下見、利害関係者調整、官公署への事前通報、経費の算出をします。また、主催者を明確にし、あらかじめ責任の所在を明確にします。

■ 反省・評価

活動の内容や参加者の反応は、他の記録と合わせて必ず残すようにします。自分で気づいた改善点、参加者からのフィードバックも忘れずに。

もちろん、活動によっては報告書を作成し、関係者に配布することも考えられます。活動を公開することで、注意点やフィールドの特徴が広く知られ、また新しいプログラムにつながるのです。

事業的観点から見たさらに詳細な参加者の確認について

事故を含めたトラブルを避けるための、万全の対策として、さらに詳細な参加者把握を紹介します。

・参加者の健康チェック

参加申し込み時に、自己申告による健康調査票（特別なリスクのある場合には医師の診断書も必要）および同意書の提出をお願いして、参加者の健康状況を把握します。特に、参加者が子どもの場合には、性格や持病などで気をつけておくべき点について、保護者から情報を得ておきます。

・事前説明の実施

どんな活動を行うのか、必要な道具は何なのか、安全対策や保険はどうなっているのかを、事前に伝えます。必要に応じて説明会を開催するなどして、お互いの理解や連携を深めることが大切です。

重点としては、主旨内容（目的・活動内容・指導方針）、持ち物（持っていない場合に購入する必要の有無や、代用品、レンタルの案内）、指導体制（指導者の経験・人数、参加者数に対しての割合）、指導責任（不慮の災害・事故・けがなどのリスク）と保険があります。

・緊急時の連絡先

参加申込書には、万一事故が発生した場合などのために、緊急の連絡先を記入してもらいます。

・事後確認

帰宅後に体調を崩したり、けがに気づく場合もあります。医師の診断を受ける際には診断書をもらうことと、主催者への連絡が必要であることを伝えます。

企画から運営までのスケジュール

	アクション	時期
1	現地調査（フィールド視察・メインプログラムの決定・日程調整）	7/5
2	企画提案（プログラム概要案の了承…実施の決定）	7/12
3	参加者募集	7/13
4	利害関係者調整	7/14
5	関係官公署通報	7/14
6	会場施設の手配	7/14
7	講師依頼（地元有識者など）	7/15
8	参加者・事務局宿泊所の予約	7/20
9	移動手段の手配	7/20
10	タイムスケジュール案の作成	7/23
11	事前説明会（主旨・プログラム・安全管理・参加費説明）	7/26
12	現地確認（協力者面会、会場施設・準備内容と役割分担の確認）	8/2
13	傷害保険契約	8/2
14	テント等設営物品の手配、運営備品・飲料などの購入・作成	8/3
15	タイムスケジュールの確定	8/7
16	1日目実施	8/10
17	ミーティング	8/10夜
18	2日目実施	8/11
19	反省会	行事終了後

※時期は目安です

日程表

8月10日

12：00　○○荘集合
12：15　開校式
13：00　海岸へ移動
13：15　スノーケリングによる体験・学習開始
17：00　スノーケリングの体験・学習終了、宿へ戻る
17：15　シャワー・夕食・休憩
18：00　ふりかえり
18：30　ウミホタル観察
20：00　宿に戻る、入浴
21：00　就寝

8月11日

7：00　起床・朝食
8：45　○○島へ移動
9：15　○○島到着、観察会開始
12：00　観察会終了、宿へ戻る
12：30　昼食
13：00　閉校式
13：30　解散

荒天の場合の変更プログラム

8月10日

13：00　○○荘集合
13：15　開校式
14：00　海の博物館へ移動
17：00　宿へ戻る
17：15　夕食・休憩
18：00　ふりかえり、『母なる海』（ビデオ）観賞

20：00　入浴
21：00　就寝

8月11日

7：00　起床・朝食
8：45　○○島へ移動
9：15　○○島到着、観察会開始
12：00　観察会終了、宿へ戻る
12：30　昼食
13：00　閉校式
13：30　解散

実施主体用資料

開催地、フィールドについて

・アクセス　車（約2～3時間、往復約2,000円）
　　　　　　電車（1～2時間、往復4,760円）

・特徴　海岸線は岩礁と砂浜で形成され、海の生き物の観察に適している。○○島では磯、砂浜、森の自然が体験できる。

経費について

・宿泊費は8,000円／大人、6,000円／子ども
・スノーケルクラブ費用は3,000円／人・半日
・飲み物、燃料費、雑費費用として3,000円／人
・傷害保険（△保険）タイプC（2日間）1,500円／人

開校式・閉校式

・開校式では、ねらい、自己責任について説明後、自己紹介ゲームをする。
・閉校式では、ねらいを達成できたかという視点で全体をふりかえる。

我は海の子
～あとがきにかえて～

日本は海に囲まれています。昔から海を身近に感じて生活をしてきました。私自身、子どものころは夏休みになると横浜の金沢文庫にある親戚の家に行き、ひと夏、海で遊んでいました。赤いふんどしをするとフカに食われないと言われ、一日中ふんどし一本で跳ね回っていました。いまでも、「海は広いな大きいな」という歌が懐かしい。まさに、「我は海の子」でした。おそらく昔の子はみんなそうだったのだと思います。

戦後経済の高度成長に伴い、海岸線の多くは埋め立てられ、自然海岸は少なくなりました。赤ふんどしの子どもたちはいつの間にか姿を消し、海で泳ぐ代わりに、どの学校にもプールができました。

華やかだった外国航路も飛行機に取って代わられ、海辺は工業的な港に変わり、子どもたちの憧れではなくなってしまいました。

何かがおかしい、と感じている人は多いのではないでしょうか。海と日本人は大変密接なつながりがあったはずです。しかし、この30年ぐらいは日本中、何でもお金に換算して考える癖ができてしまったようです。海と日本人との関係もお金になるかならないか、という発想のほうが強くなり、子どもの憧れや大人が感じる懐かしさといった要素が計算に入らなくなっています。歴史的なものも忘れ去られようとしています。

経済発展によって豊かになった。病気も治せるようになった。良いことはたくさんあります。しかし一方で、あまり目立たないけれども、失われたものがかなりあるのも事実です。

衣食足りて礼節を知る、という諺があります。わが日本もこれからは、失われたものを再度復活させたり、新たな付加価値をつくり出したりする時期に入ってくるのではないかと思います。

なかでも、私は元気に海で遊ぶ子どもたちの復活を願いたい。長い人生の中でいろいろなことがありましたが、海で遊んでいたあのころの思い出は何にも代えがたいと、いまでも思っています。その後の人生の骨格を形づくってくれたようにも思います。さらに、漁村や海の周辺で暮らしている人たちの知恵や技術をしっかりと引き継いでいかなければならないとも思います。

そうした想いをめぐらせていた２００２年の夏に、国土交通省の「海辺の自然学校研究会」に関わることになりました。故ジャックＴ・モイヤー先生をはじめ、海や子どもたちを愛するメンバーがさまざまな観点で議論し、実際に南房総の館山で自然学校のトライアルを行いました。ハード一辺倒だった海の開発行政に、自然体験活動というソフトを融合させようとする画期的な作業でした。

その成果が、昨年の夏から実を結びはじめ、全国各地で国・自治体・教育機関・ＮＰＯなどの連携による「海辺の自然学校」や「海辺の達人養成講座」が行われるようになっています。環境教育や環境保全だけではなく、地域振興という視点をもった取り組みです。これらが21世紀における日本の、海に対する政策の一つの柱になっていくことを心から期待しています。

日本の海辺に新しいムーブメントが興ってきたいま、本書『海辺の達人になりたい！』が発刊されることは誠に意義深いことだと思います。その陰には、新しい行政テーマにもかかわらず強力に推し進めてくれた国土交通省港湾局の宮崎祥一氏と相澤幹男氏のご尽力があったこと、さらに本書を企画・編集された(株)ウェイツ代表の中井健人氏の深いご理解があったことを申し添えます。

本書には、自然学校や達人養成講座で講師を務める「海辺の達人」たちのノウハウが凝縮されています。これから海辺の達人をめざす方たちだけではなく、お父さんやお母さん、学校の先生などにもぜひご活用いただきたい内容だと思います。

最後に、日本の自然を愛し、海の生き物たちの生態を長年にわたって研究される傍ら、いつも心和む笑顔で子どもたちや後進に揺るぎない愛情をそそいでくれた故ジャックＴ・モイヤー先生のご冥福をお祈り申し上げるとともに、モイヤー先生のご意志が、これからも日本の海辺に受け継がれていくことを心より期待しています。

２００４年4月

大妻女子大学教授

岡島成行

協力者紹介

海野　義明
（うんの　よしあき）

三浦半島葉山町出身。三宅島でのネイチャーガイド、環境教育活動を噴火で中断し、葉山で再開。子どもを中心に毎年のべ1,000人以上のスノーケリング指導をしている。オーシャンファミリー・葉山海洋自然体験センター代表。「子どもは海で元気になる―実践・海洋自然教育―」早川書房、共著。

連絡先：
オーシャンファミリー
046-876-2287
http://www5.ocn.ne.jp/˜ocean-f/

協力：アクティビティ 海中スノーケリング入門、1～4、室内3～4、3章。写真 14右、15左、19上、20下、21、25、46左中、47、54、55、56下左、59、60、64、65、67、69、71、73、77、79下、83、85下、87、100ページ

木村　尚
（きむら　たかし）

神奈川県横浜市出身。子どもたちが、イキイキと遊ぶ海辺つくりを目標に、横浜市を中心に、東京湾の浄化を目指した「夢ワカメ・ワークショップ」、市民の手による東京湾の再生「アマモ場造成」などの活動のほか、「汽水域セミナー」の開催などを行っている。海辺つくり研究会理事・事務局長。

連絡先：
海辺つくり研究会
045-222-1238
http://homepage2.nifty.com/umibeken/

協力：アクティビティ　干潟1～5、海中5。写真　18上、32、33、35、37、38、39、41、79上、79中、85上、103ページ

田中　克哲
（たなか　かつのり）

静岡県出身。水産庁中央水産研究所漁業経営経済研究室長を務めた後、漁村振興研究所を設立。密漁対策、マリンレジャーによる漁村振興などのコンサルタント。磯遊び研究会を主宰し、海辺の環境保全のルールとマナーの啓蒙・普及、都市住民と漁師の共存共栄に向け活動中。漁村振興研究所長。「最新漁業権読本」まな出版企画、著。

連絡先：
漁村振興研究所
045-900-3489
http://hw001.gate01.com/k
achan/

協力：アクティビティ　磯4、57ページコラム、2章。写真46右、56上、下右、57ページ

檀野　清司
（だんの　きよし）

和歌山県出身。（株）海洋リサーチ勤務のかたわら、スクーバダイビングのインストラクターとして、講習会やツアーを実施。子どもたちにスノーケリングで海の楽しさを伝えることをテーマに活動中。潜水団体Three－i。「自然体験活動指導者のための安全対策読本」（財）日本レクリエーション協会、共著。

連絡先：
潜水団体Three－i
03-3722-2750
http://www.kt.rim.or.jp/˜mt0
1-iii/

協力：アクティビティ　磯1～2、2～3章。

古瀬　浩史
（ふるせ　こうじ）

東京都出身。1980年代中頃から、いくつかの自然公園施設にインタープリターとして勤務。現在は環境教育の指導者養成やプログラム開発等に携わる。その他の活動にNPO法人JCUE副会長、海辺の環境教育フォーラム事務局など。自然教育研究センター主任研修員。

連絡先：
furuse@interpreter.ne.jp
http://www.ces-net.jp

協力：アクティビティ　砂浜1～5、磯3、室内1～2、23ページコラム、3章。写真 14左、右中、15中、20上、22、23、27、46左、右中、48下、51上、53、81ページ

■自然体験活動Webサイト

海・遊・学！（海で遊び学び育てる連絡会議） http://www.kaiyuugaku.com
CONE （NPO法人自然体験活動推進協議会） http://www.cone.ne.jp
JEEF （社団法人日本環境教育フォーラム） http://www.jeef.or.jp

■参考文献

『CONE HAND BOOK　自然体験活動指導者手帳』自然体験活動推進協議会（山と渓谷社）
『野外教育入門』星野敏男、川嶋直、平野吉直、佐藤初雄（小学館）
『救急蘇生法の指針』心肺蘇生法委員会（株式会社へるす出版）

海辺の達人になりたい!

自然体験活動ガイドブック

監修　国土交通省港湾局
２００４年５月１日　初版第１刷

発行人　中井健人
発行所　ウェイツ
〒160-0006
東京都新宿区舟町11番地　松川ビル２階
電話　03-3351-1874
FAX　03-3351-1974
デザイン　前田麻名デザイン事務所（清水香苗、中井順子）
イラスト　下釜直明
印刷　株式会社シナノ

2004 Printed in JAPAN
ISBN4-901391-51-8 C0075